高等职业教育工业机器人专业系列教材

机械臂智能控制

吴蓬勃　张金燕　张君　编著

西安电子科技大学出版社

内 容 简 介

本书以 Dobot Magician 机械臂为载体,结合人工智能技术,以项目为引导,系统阐述了机械臂的软、硬件开发方法。全书共分为 6 个项目,项目 1 为初识机器人,项目 2～项目 6 分别从机械臂基础、机械臂编程、机械臂进阶和机械臂智能控制实战几个方面由浅入深地介绍了机械臂智能化控制的方式方法。本书配有相应的电子教学课件、教学视频和示例代码。

本书适合作为高等职业院校、应用型本科院校机器人相关课程的教学用书,也可供机器人从业人员和爱好者参考。

图书在版编目(CIP)数据

机械臂智能控制 / 吴蓬勃,张金燕,张君编著. -- 西安 : 西安电子科技大学出版社,2024.8. -- ISBN 978-7-5606-7329-5

Ⅰ. TP241

中国国家版本馆 CIP 数据核字第 2024YF2530 号

策　　划	秦志峰		
责任编辑	秦志峰		
出版发行	西安电子科技大学出版社(西安市太白南路 2 号)		
电　　话	(029)88202421　88201467	邮　　编	710071
网　　址	www.xduph.com	电子邮箱	xdupfxb001@163.com
经　　销	新华书店		
印刷单位	咸阳华盛印务有限责任公司		
版　　次	2024 年 8 月第 1 版		2024 年 8 月第 1 次印刷
开　　本	787 毫米×1092 毫米　1/16	印　张	12
字　　数	278 千字		
定　　价	35.00 元		

ISBN 978-7-5606-7329-5

XDUP 7630001-1

*** 如有印装问题可调换 ***

前　言

■ 编写背景

随着人工智能时代的到来，"机器人+"将加速推进生产和生活的数字化和智能化，为经济和社会发展注入强劲动能。为落实《"十四五"机器人产业发展规划》重点任务，加快推进机器人应用拓展，工业和信息化部等十七部门联合印发了《"机器人+"应用行动实施方案》，要求在经济发展和社会民生领域深化"机器人+"应用，为加快建设制造强国、数字中国，推进中国式现代化提供有力支撑。

有关机械臂的课程是电子与信息、装备制造等专业大类的重要课程。传统工业机械臂成本高、体积大，且为了安全必须安装防护栏，这些都不利于课堂教学。Dobot Magician 桌面式机械臂具有成本低、体积小、操作安全等特点，同时它与工业机械臂具有极其相似的硬件结构和软件开发方法，所以非常适合机械臂初学者学习。

■ 主要内容

本书将机械臂技术与人工智能技术相结合，以实现机械臂的智能控制。书中介绍了 Dobot Magician 桌面式机械臂套件的硬件安装调试方法，融合了多种形式的机械臂软件控制技术，同时结合 Python、OpenCV、深度学习等相关人工智能技术，由浅入深地实现了机械臂的智能控制。

全书共分为 6 个项目，项目 1 分别从机器人概述、机器人的组成、机械臂的分类和机器人仿真四个方面对机器人进行介绍，使读者对机器人有一个宏观的认识。

项目 2 包括机械臂环境搭建和机械臂写字画画两部分。本项目主要介绍机械臂硬件的安装调试和上位机软件的使用，并通过引导读者完成机械臂写字画画任务，激发读者的学习兴趣。

项目 3 分别通过图形化编程、脚本编程和独立 Python 编程三种方式介绍机械臂搬运积木的编程方法；最后通过人脸解锁机械臂任务，展示机械臂的智能化控制方法。

项目 4 首先通过双机械臂和传送带的协作，在多传感器的配合下模拟工程实践，实现更加复杂的积木搬运、分拣作业；然后通过"有感情"的传送带任务，让读者体会人工智能与机器人相结合的乐趣。

项目 5 和项目 6 为机械臂智能控制实战部分(可作为实训课内容)，通过"积木识别与抓取"任务，让读者从零开始完成一个完整的机械臂视觉抓取项目。"扑克牌识别与抓取"是"积木识别与抓取"的进阶，对接真实的机械臂视觉抓取项目，其中引入了百度飞桨深度学习技术，实现扑克牌的识别，最终引导机械臂实现扑克牌的视觉抓取。

■ 本书特色

(1) 立德树人、教书育人并重。

推进党的二十大精神进教材、进课堂、进头脑，落实"讲好中国故事、传播好中国声音，展现可信、可爱、可敬的中国形象""引导广大人才爱党报国、敬业奉献、服务人民"的要求。本书在传授知识技能的同时，结合各项目内容合理引入思政教育元素，进一步强化爱国情怀、文化自信、职业素养及工匠精神，激励广大青年学生"要坚定不移听党话、跟党走，怀抱梦想又脚踏实地，敢想敢为又善作善成，立志做有理想、敢担当、能吃苦、肯奋斗的新时代好青年"。

(2) 项目化教学。

本书是"理实一体化"教材，将每个项目有机地分解为若干典型任务，将知识融入任务之中。每个任务包括任务要求、知识链接、材料准备、任务实施和任务考核等几个部分，符合学生的认知规律，注重实践技能培养。

(3) 产教融合。

本书基于"DOBOT 智造大挑战"赛项目的核心装备——Dobot Magician 机械臂。"DOBOT 智造大挑战"于 2017 年加入世界机器人大赛，已连续 6 年成为世界机器人大赛(World Robot Contest，WRC)官方合作赛项，赛事足迹遍布全球 10 余个国家、500 多个学校，参赛人数累计超过 1 万人，成为推动全球创新人才、科技人才、技能技术人才培养的重要力量。"DOBOT 智造大挑战"赛项主题的开发始终紧扣社会热点问题，聚焦产业发展需求。

本书为石家庄邮电职业技术学院、河北工程技术学院与深圳市越疆科技股份有限公司合作开发的教材，教材项目来自产业实际并经过甄选。

■ 学习建议

零基础学习者需重点学习机械臂硬件结构和调试方法，并通过图形化编程锻炼自身的逻辑思维，可以重点学习项目 1、项目 2、项目 3(任务 3.1 和任务 3.2)和项目 4(任务 4.1)。

有 Python 和 OpenCV 基础的学习者，在掌握机械臂硬件安装调试的基础上，可先学习图形化编程入门，然后，重点学习如何基于 Python 编程实现机械臂的智能控制。

■ 教学大纲

本书参考学时为 72～84 学时，学习过程中可根据课时安排及实际需要选做其中部分项目或任务；建议在实训基地授课，采用理实一体化模式学习。各项目的参考学时见学时分配表。

学 时 分 配 表

章 节	课 程 内 容	学 时
项目 1	初识机器人	4～6
项目 2	机械臂基础	8～10
项目 3	机械臂编程	16～18
项目 4	机械臂进阶	8～10
项目 5	机械臂智能控制实战——积木识别与抓取	20～22
项目 6	机械臂智能控制实战——扑克牌识别与抓取	16～18
课时总计		72～84

■ **配套资源**

本书配有全套课件、教学视频和示例代码。课件和示例代码可联系作者获取（邮箱：411967471@qq.com），教学视频可直接扫描书中二维码在线观看。

■ **编写说明**

本书的整体设计工作由石家庄邮电职业技术学院的吴蓬勃负责，项目 1、项目 2 由河北工程技术学院的张金燕编写，项目 3～项目 6 由石家庄邮电职业技术学院的吴蓬勃编写，项目 2、项目 3 的案例整理工作由深圳市越疆科技股份有限公司的张君负责。本书的统稿工作由张金燕负责。石家庄邮电职业技术学院的王拓参与了本书配套视频资源的录制工作。

石家庄邮电职业技术学院的杨延广、张冰玉为本书的设计给予了指导，深圳市越疆科技股份有限公司的曾琴、赵建路等工程师为本书的编写提供了技术支持，在此表示衷心感谢。

本书编写过程中参考了一些相关文献和网络资源，在此也对这些文献和网络资源的作者表示诚挚的感谢。

由于编者水平有限，机械臂技术和人工智能技术发展很快且涉及面很广，书中难免存在错误或不足之处，恳请广大读者不吝赐教。

吴蓬勃

2024 年 1 月

目　录

项 目 1

初识机器人

项 目 描 述

本项目介绍了多种形态的机器人，深入剖析了机器人的组成，介绍了多种结构形式的机械臂及其优缺点。通过机器人仿真软件 CoppeliaSim 从多个视角直观了解千姿百态的机器人，结合机器人仿真技术实现对机器人的基本运动控制。

教 学 目 标

知识目标
➤ 了解多种形态的机器人及其应用场景。
➤ 掌握机器人的组成。
➤ 熟悉机械臂的构型及其特点。
➤ 了解机器人仿真技术。

技能目标
➤ 掌握机器人仿真软件 CoppeliaSim 的基本操作。

素质目标
➤ 了解中国空间站里的两个机械臂，学习中国航天的探索与攀登精神，激发爱国情怀和奋斗精神。
➤ "世上无难事，只要肯登攀"。航天探索如此，人生亦是如此。树立远大理想，并为之不懈奋斗，不断学习知识、增长技能。

任务　探索千姿百态的机器人

任务要求

了解机器人的形态和组成；通过机器人仿真软件 CoppeliaSim 从多个视角了解千姿百态的机器人，结合机器人仿真技术实现对机器人的基本运动控制。

知识链接

1. 机器人概述

机器人按照结构形式可以分为机械臂、轮式机器人、仿生机器人、人形机器人、外骨骼机器人等，如图 1-1 所示。其中，常见的机械臂可以分为工业机械臂和协作机械臂两种。

(a) 机械臂

(b) 轮式机器人

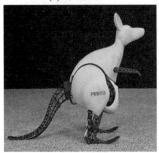

(c) 仿生机器人

(d) 人形机器人

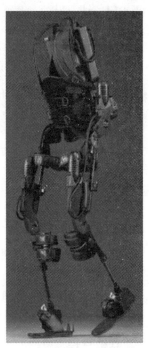

(e) 骨骼机器人

图 1-1　各种不同结构形式的机器人

1) 工业机械臂

工业机械臂主要应用于焊接、喷涂、装配、分拣、码垛、运输等工业应用场景，其特点是精度高、负载大、速度快，并且周围需要安装安全防护栏。其中，瑞士 ABB、日本安川电机(YASKAWA)、日本发那科(FANUC)、德国库卡(KUKA)被称为工业机器人四大家族。随着我国机械臂产业的快速发展，涌现出了很多优秀的机械臂品牌，如安徽埃夫特、北京配天、北京时代科技、北京珞石、广州数控、南京埃斯顿、上海新时达、沈阳新松等，其产品在某些领域已经达到甚至领先世界水平。

工业机械臂主要由机械臂本体、控制柜、示教器和连接线缆四个部分组成，如图 1-2 和图 1-3 所示。

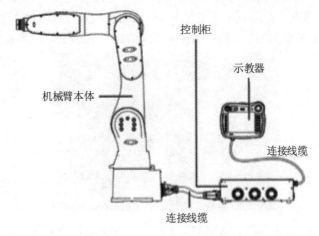

图 1-2　工业机械臂的组成 1

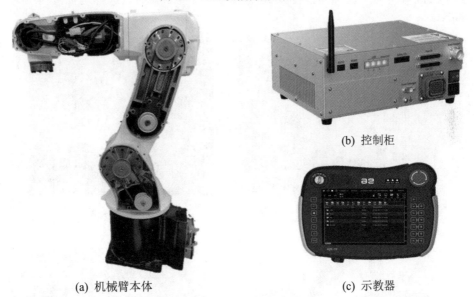

(a)　机械臂本体

(b)　控制柜

(c)　示教器

图 1-3　工业机械臂的组成 2

工业机械臂各组成部分的功能如下：

(1) 机械臂本体包括基座、关节、连杆、执行器、传感器等，是完成抓取、移动等作业任务的机械主体。

(2) 控制柜中安装了控制机器人所需的电气设备，包括电机驱动器、安全模块、电源模块、运动控制模块等，控制柜还提供与机械臂本体以及其他外部设备的连接接口。

(3) 示教器与控制柜连接，用于远程操控机器人手动或自动运行、记录运行轨迹、显示回放或记录示教点并根据示教点编程。

(4) 连接线缆包括控制柜、示教器和机械臂本体间的连接线缆，用来实现供电和数据传输等功能。

2) 协作机械臂

与工业机械臂相比，协作机械臂体积更小、灵活度更高、更易于安装，不需要加装防护栏，可以与人协同作业，共同完成一项工作，而不会伤害到人，如图 1-4 所示。但是，协作机械臂在负载、速度方面均弱于工业机械臂。协作机械臂领域的典型品牌有优傲(UR)、遨博(AUBO)、越疆(DOBOT)、节卡(JAKA)、大族(Han's Robot)、法奥意威等。

图 1-4　协作机械臂

协作机械臂用途广泛，当前主要集中应用在工业、科研、医疗与商业等领域，如图 1-5 所示。

(a) 3C 产品装配

(b) 水果采摘

(c) 残障人士辅助抓取

(d) 摊煎饼

图 1-5　协作机械臂用途举例

2. 机器人的组成

机器人主要由控制系统、驱动系统、执行机构、传感系统和通信系统五部分组成，如图 1-6 所示。

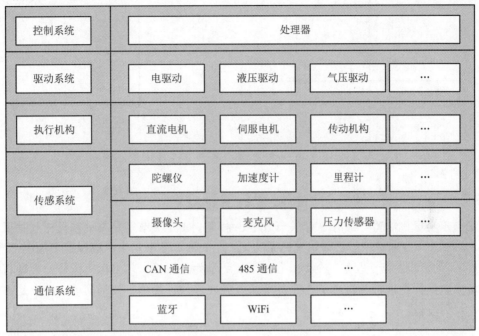

图 1-6　机器人的组成

机器人各组成部分的功能如下：

(1) 控制系统相当于人体的大脑，一般由一个或多个处理器构成，进行任务及信息的处理，并向外输出控制信号。

(2) 驱动系统相当于人体的肌肉，负责将控制系统下达的指令转化为驱动执行机构的信号；按驱动方式可分为电驱动、液压驱动、气压驱动等。

(3) 执行机构相当于人体的四肢，负责对外界对象执行动作，主要包括直流电机、伺服电机、传动机构等电子机械装置。

(4) 传感系统相当于人体的感官，用于采集外界信息并传送给控制系统处理。传感系统可分为内部感知和外部感知，机器人可通过内部的陀螺仪、加速度计、里程计等传感器感知自身姿态，还可以通过摄像头、麦克风、压力传感器等感知外部的世界。

(5) 通信系统相当于人体的神经网络，负责机器人内部各设备之间的有线通信(如 CAN 通信、485 通信等)，以及机器人与外界的无线通信(如蓝牙、WiFi 等)。

3. 机械臂的分类

机械臂按构型可分为笛卡尔坐标机械臂、关节机械臂、SCARA 机械臂、球面坐标机械臂、圆柱面坐标机械臂、Delta 机械臂等。

1) 笛卡尔坐标机械臂

笛卡尔坐标系是直角坐标系和斜角坐标系的统称。两条数轴互相垂直的坐标系称为笛卡尔直角坐标系，否则称为笛卡尔斜角坐标系。图 1-7 所示分别为二维和三维笛卡尔直角坐标系。

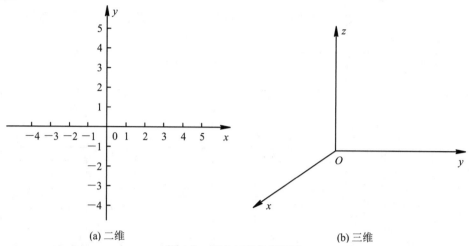

(a) 二维　　　　　　　　　　　　　　　　(b) 三维

图 1-7　笛卡尔直角坐标系

笛卡尔坐标机械臂一般有 3 个关节 d_1、d_2 和 d_3，3 个关节都是移动轴且相互垂直，如图 1-8(a)所示，分别对应于笛卡尔坐标系的 x、y、z 轴。笛卡尔坐标机械臂多应用于雕刻、3D 打印、大型设备搬运吊装等领域，图 1-8(b)所示为采用笛卡尔坐标机械臂的大理石雕刻机。笛卡尔坐标机械臂的优点是 3 个关节相互独立、设计简单、控制简单；缺点是占用空间大、灵活度低。

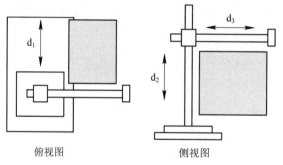

俯视图　　　　　　　　侧视图

(a) 笛卡尔坐标机械臂结构

(b) 大理石雕刻机

图 1-8　笛卡尔坐标机械臂

2) 关节机械臂

关节机械臂是一种模仿人类关节活动并可执行复杂操作的机器人。关节机械臂的结构如图

1-9 所示，通常由两个肩关节 J_1 和 J_2、一个肘关节 J_3 以及 1～3 个位于末端的腕关节(J_4、J_5、J_6)组成。关节机械臂的工作空间如图 1-10 所示，图中阴影区域为机械臂末端可到达区域。关节机械臂的优点是灵活度高、精度高、占用空间小，可应用于工作空间较小的场合；缺点是维护成本和价格较高，适应性受限(工作空间不规则，存在空间内位置不可达的奇异点)。

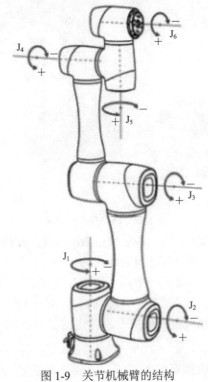

图 1-9   关节机械臂的结构

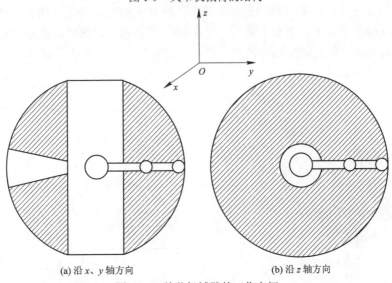

(a) 沿 x、y 轴方向   (b) 沿 z 轴方向

图 1-10   关节机械臂的工作空间

3) SCARA 机械臂

SCARA(Selective Compliance Assembly Robot Arm，选择顺应性装配机器手臂)，也称

水平关节机器人，是一种圆柱坐标的特殊类型的工业机器人，其外观如图 1-11(a)所示。

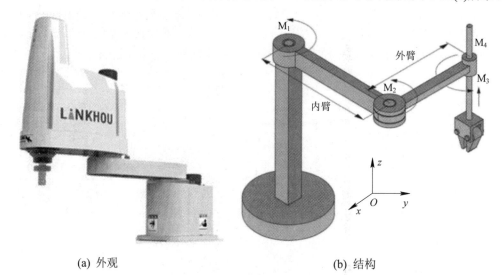

(a) 外观   (b) 结构

图 1-11   SCARA 机械臂

SCARA 机械臂由 3 个旋转关节 M_1、M_2、M_3 构成，如图 1-11(b)所示，其中，M_1 和 M_2 之间的连杆称作内臂，M_2 和 M_3 之间的连杆称作外臂；末端是一个移动关节 M_4，可实现垂直方向的运动。SCARA 机械臂一般用于要求精度高、速度快的轻小型负载搬运领域，如搬运消费类电子、汽车零部件、医药、食品饮料等物品的领域。SCARA 机械臂的优点是结构轻便、响应快，其响应速度是一般关节机械臂的数倍；缺点是载重小。

4) 球面坐标机械臂

若用移动关节代替关节机械臂的肘关节，则成为球面坐标机械臂，其外观和结构如图 1-12 所示。球面坐标机械臂的移动连杆可伸缩，当其缩回时，甚至可从后面伸出。球面坐标机械臂广泛应用于工业、航空、航天、地质勘探等领域。球面坐标机械臂的优点是占地面积小、结构紧凑、位置精度高；缺点是避障性能较差，存在平衡问题。

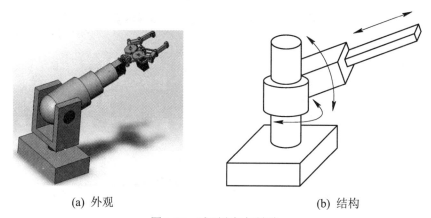

(a) 外观   (b) 结构

图 1-12   球面坐标机械臂

5) 圆柱面坐标机械臂

圆柱面坐标机械臂的运动轨迹为一个圆柱，它由旋转关节 d_1、使手臂竖直移动的关节 d_2、使手臂水平移动的关节 d_3 以及一个某种形式的腕关节组成，其外观和结构如图 1-13 所示。

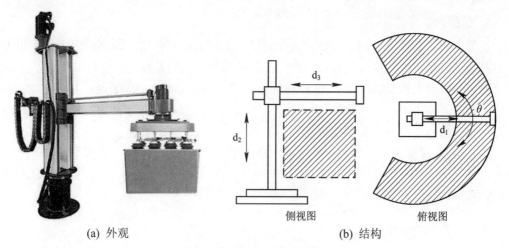

(a) 外观　　　　　　　　　　　　　　(b) 结构

图 1-13　圆柱面坐标机械臂

6) Delta 机械臂

圆柱面坐标机械臂主要应用于搬运作业领域。圆柱面坐标机械臂的优点是控制精度较高、控制较简单、结构紧凑；缺点是由于机身结构的原因，手臂不能到达底部。

Delta 机械臂又称并联机械臂，是典型的空间三自由度并联机构，如图 1-14 所示。Delta 机械臂由固定平台、执行器、连杆、移动平台和末端夹爪组成。执行器安装在固定平台底部，可驱动三组平行四边形连杆运动。三组连杆连接到底部的移动平台，可驱动底部的末端夹爪运动。

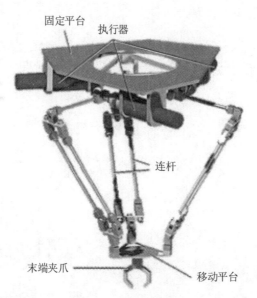

图 1-14　Delta 机械臂

Delta 机械臂适合超高速拾取物品，一秒钟可进行多个节拍的拾取，主要应用于高速搬运、包装和物流等领域。Delta 机械臂的整体结构精密、紧凑，驱动部分均分布于固定平台，优点是承载能力强、刚度大、速度极快、动态性能好、自重负荷比小(主要由碳纤维等轻型材料构成); 缺点是工作范围小, 重复定位精度一般。

4. 机器人仿真

机器人仿真在机器人相关科研和实际应用中发挥着重要作用, 既可以对机器人相关算法进行验证, 也可以为机器人开发提供一个低成本、无风险且稳定的平台。

常用的机器人仿真软件有 CoppeliaSim(原名 VREP)、Gazebo、Webots、RobotDK、ARS 等。其中, CoppeliaSim 相对简单、友好, 其 Edu 版本功能齐全, 有完整的模拟和编辑功能, 学校师生可以免费使用, 本书的机器人仿真部分均在该软件上实现。

CoppeliaSim 是机器人仿真器领域的 "瑞士军刀", 它具有较多功能和应用编程接口。

材料准备

本任务所需材料如表 1-1 所示。

表 1-1   材 料 清 单

序号	材料名称	说　　明
1	CoppeliaSim	仿真软件
2	计算机	Windows 10 及以上操作系统

任务实施

本次任务首先安装 CoppeliaSim 软件, 其次熟悉 CoppeliaSim 操作界面, 进而通过对机器人的仿真来探索千姿百态的机器人。

1. 安装 CoppeliaSim

(1) 登录 CoppeliaSim 官网 https://www.coppeliarobotics.com, 进入如图 1-15 所示的官网界面。

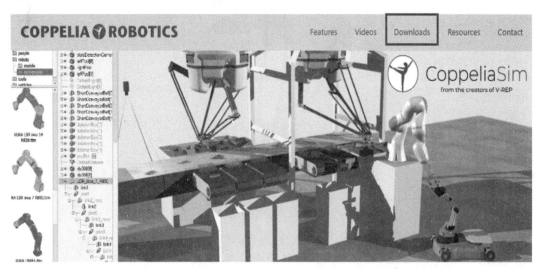

图 1-15   CoppeliaSim 官网界面

(2) 在图 1-15 所示界面中单击 Downloads 按钮，进入图 1-16 所示的下载软件界面。

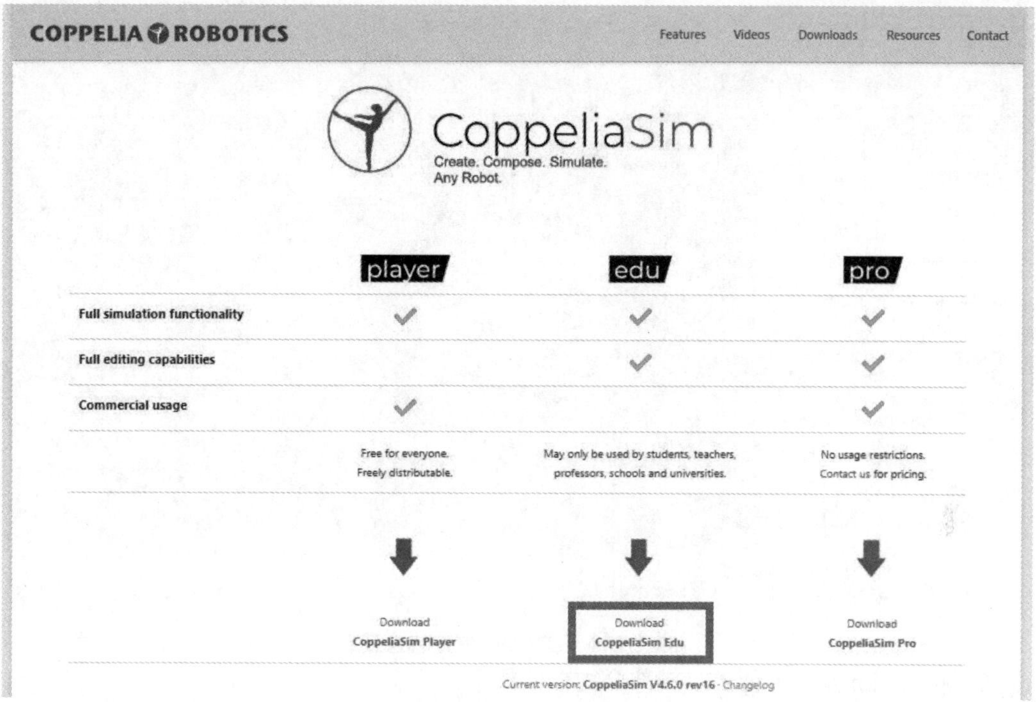

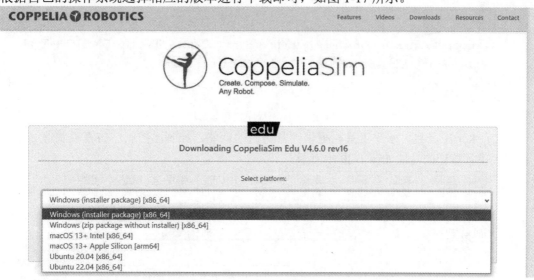

图 1-16　下载软件界面

(3) 可安装该软件的计算机操作系统包括 Windows、Ubuntu、macOS，使用者只需要根据自己的操作系统选择相应的版本进行下载即可，如图 1-17 所示。

图 1-17　版本选择界面

注意　保存的路径最好是全英文的；双击下载的.exe 可执行文件，逐步安装即可。

2. 熟悉 CoppeliaSim 操作界面

CoppeliaSim 操作界面由应用程序栏和菜单栏、水平工具栏、竖直工具栏、模型浏览器、场景层次结构、显示窗口、状态栏、Lua 源码输入行 8 个部分组成，如图 1-18 所示。

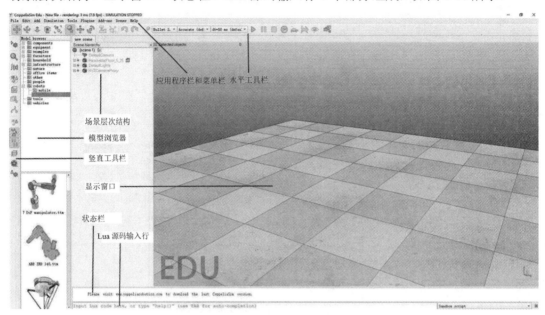

图 1-18　CoppeliaSim 操作界面

CoppeliaSim 操作界面各组成部分的功能如下：

(1) 应用程序栏和菜单栏。应用程序栏主要显示软件版本、当前场景文件名、渲染时间、当前模拟器状态等；使用者通过菜单栏可以访问软件的所有功能。应用程序栏和菜单栏的详细信息如图 1-19 所示。

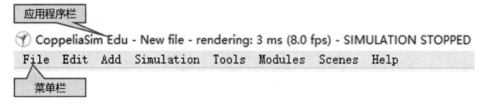

图 1-19　应用程序栏和菜单栏

(2) 水平工具栏。水平工具栏提供经常访问的功能，如画面控制、仿真控制等。水平工具栏中各按钮的功能如图 1-20 中所示。

图 1-20　水平工具栏各按钮功能

(3) 竖直工具栏。竖直工具栏中各按钮的功能如图 1-21(a)所示。

(4) 模型浏览器。模型浏览器分上、下两部分，上部分显示模型文件夹结构，下部分显示当前模型缩略图，如图 1-21(b)所示。

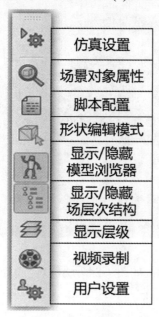

(a) 竖直工具栏各按钮功能　　　　　　(b) 模型浏览器分区

图 1-21　竖直工具栏及模型浏览器

(5) 场景层次结构。在场景层次结构中，双击某对象名称(如 irb360)可修改该对象名称；双击某对象前面的图标，可打开该对象的属性窗口，查看或修改对象属性，如图 1-22 所示。

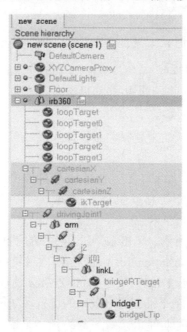

图 1-22　场景层次结构

(6) 显示窗口。CoppeliaSim 将一个工程称为一个场景(scene)。显示窗口是场景的主要查看页面，可以通过水平工具栏中的 按钮在多个页面视图中进行切换，如图 1-23 所示。

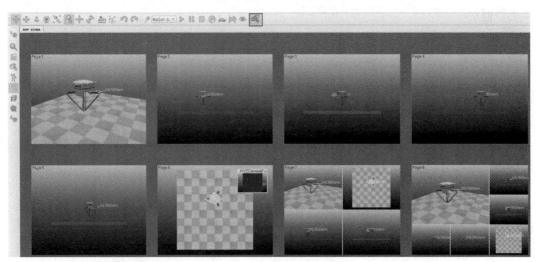

图 1-23　切换多个页面视图

(7) 状态栏。状态栏负责显示过程信息和提示，如图 1-24 所示。

(8) Lua 源码输入行。在 Lua 源码输入行可快速输入和执行 Lua 代码，如图 1-24 所示。

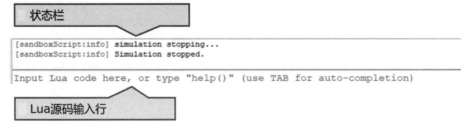

图 1-24　状态栏和 Lua 源码输入行

3. 不可移动机器人的仿真过程

下面以 ABB IRB360 为例，演示不可移动机器人的仿真过程。

1) 不可移动机器人的动态仿真

不可移动机器人的动态仿真主要包括将模型放入显示窗口、平移模型、控制模型仿真运动的启动/停止三个步骤。

(1) 将模型放入显示窗口。如图 1-25 所示，在窗口左侧的模型浏览器窗口的上部分模型文件夹中单击 non-moblile(不可移动机器人)选项，并将下部分模型缩略图中的 ABB IRB360 机器人拖拽到显示窗口。

(2) 平移模型。如图 1-26 所示，单击水平工具栏中的"模型平移"按钮；如图 1-27 所示，在弹出的 Object/Item Translation/Position(对象/项目转换/位置窗口)对话框中，选择 Preferred axes 栏中的 along Y(沿 Y 轴转换)和 along Z(沿 Z 轴转换)选项，即可在显示窗口通过鼠标拖拽机器人沿 Y 轴和 Z 轴平移到适合观察的位置，如图 1-28 所示。

(3) 控制模型仿真运动的启动/停止。如图 1-29 所示，通过单击水平工具栏中的"启动仿真"或"停止仿真"按钮，可以控制机器人启动或停止仿真运动。

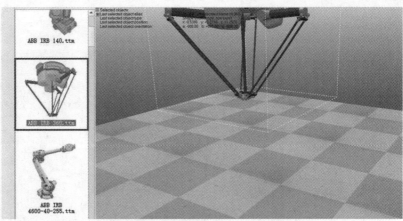

图 1-25　将模型放入显示窗口

图 1-26　单击"模型平移"按钮

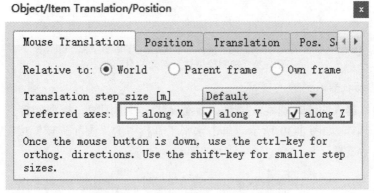

图 1-27　选择沿 Y 轴和 Z 轴运动选项

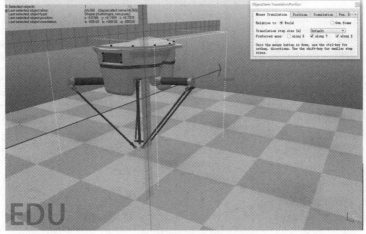

图 1-28　用鼠标拖拽模型平移

图 1-29　控制模型仿真运动的启动/停止

2) 不可移动机器人的静态观察

不可移动机器人的静态观察主要包括画面旋转、画面缩放、模型旋转三个步骤。

(1) 画面旋转。如图 1-30 所示，单击水平工具栏中的"画面旋转"按钮，可以控制模型在显示窗口中旋转。

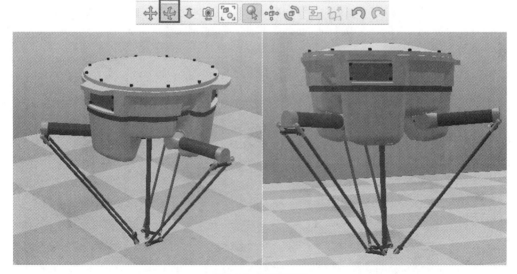

图 1-30　画面旋转

(2) 画面缩放。如图 1-31 所示，单击水平工具栏中的"画面缩放"按钮，可以控制模型在显示窗口中进行缩小或放大显示。

图 1-31 画面缩放

(3) 模型旋转。如图 1-32 所示，单击水平工具栏中的"模型旋转"按钮，选择 Orientation(方向)栏中的 World(世界)选项，可以控制模型在显示窗口中旋转。

将以上按钮配合使用，可以从不同角度观察不可移动机器人的结构和组成。

说明 图 1-32 中两个弹窗实际为同一个窗口，左侧为放大后的图片。

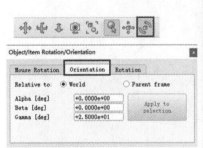

图 1-32 模型旋转

4. 移动机器人的仿真过程

移动机器人的仿真包括将模型放入显示窗口和控制模型仿真运动的启动/停止两个步骤。

(1) 将模型放入显示窗口。如图 1-33 所示，在窗口左侧的模型浏览器窗口的上部分模型文件夹中单击 mobile(移动机器人)节点，并将下部分模型缩略图中的 Asti 机器人拖拽到显示窗口。

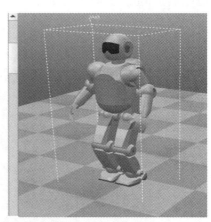

图 1-33   将模型放入显示窗口

(2) 控制模型仿真运动的启动/停止。如图 1-34 所示，通过单击水平工具栏中的"启动仿真"或"停止仿真"按钮，可以控制机器人启动或停止仿真运动。

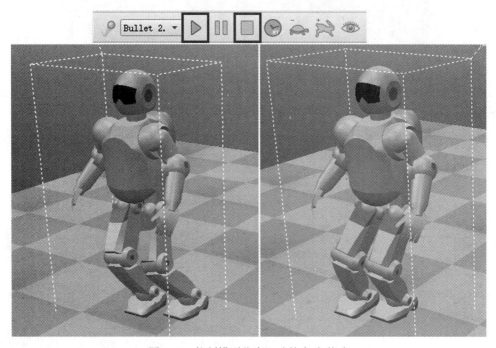

图 1-34   控制模型仿真运动的启动/停止

任务考核

在 CoppeliaSim 中，选择最少两款不可移动机器人和两款可移动机器人进行运动仿真演示和静态观察。

按照如下要求提交作业：

(1) 在 CoppeliaSim 操作界面中，对从不同视角观察到的机器人图像进行截图。

(2) 录制机器人动作视频。

拓展阅读　天上的机械臂

2022 年 7 月 24 日，在震耳欲聋的轰鸣声中，长征五号 B 遥三运载火箭在海南文昌航天发射场点火升空，将我国空间站首个实验舱——问天实验舱发射到预定轨道。

"问天"来自中国伟大诗人屈原的长诗《天问》。屈原在《天问》中对天空、星辰、自然现象、神话等一切事物现象发问，体现了他对传统理念的疑惑和追求真理的精神。汉代王逸在《楚辞·天问》序中首次提到"问天"——"《问天》者，屈原之所作也。何不言问天？天尊不可问，故曰天问也。"古人问天，体现了对历史兴亡的慨叹、对宇宙规律的思考；今人问天，则彰显了探索浩瀚宇宙、建设航天强国的攀登精神。

中国空间站共有三个舱段，即"天和"核心舱、"问天"实验舱(又称实验舱一)、"梦天"实验舱(又称实验舱二)。其中，"天和"核心舱中部署了一台长 10 m、最大承载质量为 25 t 的大机械臂；"问天"实验舱中部署了一台长 5 m、最大承载质量为 3 t 的小机械臂。大机械臂的活动范围和承重能力均优于小机械臂，但在精密性和灵活性上，大机械臂要略逊一筹。针对不同的应用场景，它们既可以独立展开工作，也可以双臂组合协同工作。

学而时习之

(1) 简述工业机械臂的特点及组成。

(2) 工业机械臂与协作机械臂的区别有哪些？

(3) 简述机器人的组成及各个部分的功能。

(4) 简述机械臂的构型及其优、缺点。

项 目 2

机械臂基础

项 目 描 述

本项目以 Dobot Magician 魔术师机械臂为载体，介绍机械臂的组成、工作空间、坐标系以及运动模式。通过机械臂环境搭建和机械臂写字画画两个任务，介绍机械臂的基本操作方法。

教 学 目 标

知识目标

➢ 熟悉机械臂的组成、工作空间和接口。
➢ 了解机械臂的二次开发方法。
➢ 掌握机械臂的关节坐标系和笛卡尔坐标系。
➢ 掌握机械臂的运动模式及应用场景。
➢ 了解机械臂末端执行器的特点。
➢ 熟悉各种类型吸盘的特点。
➢ 熟悉 DobotStudio 软件的各项功能。
➢ 掌握"示教&再现"和"写字&画画"的基本流程。

技能目标

➢ 会进行吸盘的基本选型。
➢ 能够进行机械臂末端执行器(吸盘套件和写字画画套件)的安装。
➢ 能够进行机械臂线缆的连接。
➢ 能够正确进行机械臂开机和关机。
➢ 能够通过 DobotStudio 软件进行机械臂的基本控制。
➢ 能够进行机械臂归零操作。
➢ 能够通过 DobotStudio 软件的"示教&再现"方式，进行物体的抓取和搬运。
➢ 能够通过 DobotStudio 软件控制机械臂，进行写字和画画。

素质目标

➢ 了解我国机器人的发展历史，激发科技报国的斗志。

➢ "理想指引人生方向，信念决定事业成败"。青年学生要以蒋新松院士为榜样，刻苦学习、发奋图强、严于律己、求真务实，为祖国的科技事业砥砺前行。

任务 2.1　机械臂环境搭建

任务要求

(1) 搭建机械臂软/硬件环境，进行机械臂开/关机操作。

(2) 通过示教&再现，进行物体的抓取和搬运。

知识链接

1. Dobot 机械臂简介

Dobot Magician 魔术师机械臂(以下简称 Dobot 机械臂)是一款桌面级的智能机械臂，是一种典型的四轴机械臂，它支持示教&再现、脚本控制、Blockly 图形化编程、写字画画、激光雕刻、3D 打印、视觉识别等功能，还具有丰富的 I/O 扩展接口，可供用户在二次开发时使用。Dobot 机械臂主要应用于教育科研、工业自动化、家庭服务、医疗等众多领域，如图 2-1 所示。

墨西哥模拟工业流水线

手机打磨

早餐机器人

马桶按键检测

日本显微镜辅助

冰淇凌机器人

图 2-1　Dobot 机械臂的应用场景

1) Dobot 机械臂的组成

Dobot 机械臂由底座、大臂、小臂和末端工具四个部分组成，如图 2-2 所示。其中，底座部分除了内部的旋转电机和核心控制板(图中不可见)，还包括电源开关、状态指示灯以及底座后侧的扩展接口(底座扩展接口，参见图 2-5)。在末端工具位置可根据需要安装不同类型的末端执行器。

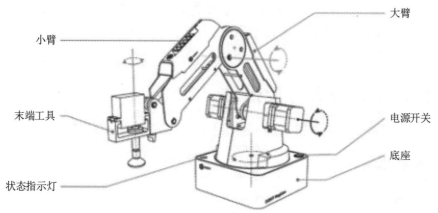

图 2-2　Dobot 机械臂外观

2) 机械臂的工作空间

Dobot 机械臂的底座、大臂、小臂的起始角度位置分别为 0°、0°、-10°，如图 2-3 所示，故机械臂底座、大臂、小臂和机械臂末端工具的旋转角度范围如表 2-1 所示。

表 2-1　机械臂各关节的旋转角度范围

机械臂关节	角度范围
底座	[-90°，+90°]
大臂	[0°，+85°]
小臂	[-10°，+90°]
机械臂末端工具	[-90°，+90°]

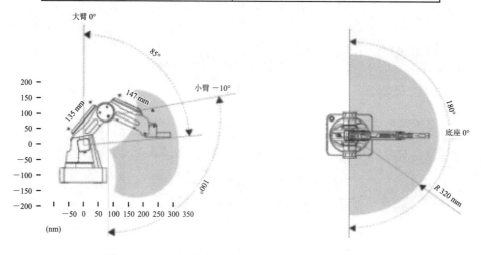

图 2-3　Dobot 机械臂的底座、大臂、小臂的角度范围

3) 机械臂的技术规格

本项目采用的 Dobot 机械臂的最大负载为 500 g，最大伸展距离为 320 mm，其各部分的参数如表 2-2 所示。

表 2-2 Dobot 机械臂各部分参数

项 目	范 围	
最大速度(250 g 负载)	大臂、小臂、底座旋转速度	320°/s
	末端工具旋转速度	480°/s
重复定位精度	0.2 mm	
电源电压	100～240 V AC，50/60 Hz	
电源输入	12 V/7 A DC	
通信方式	USB、WiFi、蓝牙	
I/O 接口	20 个 I/O 复用接口	
控制软件	DobotStudio	

4) 机械臂的接口

Dobot 机械臂的小臂接口由解锁(Unlock)按钮和供电与信号端口(GP3、GP4、GP5、SW3、SW4、ANALOG)组成，如图 2-4 所示。

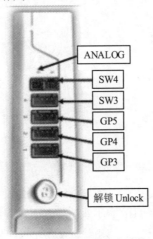

图 2-4 Dobot 机械臂的小臂接口

Dobot 机械臂的底座扩展接口由复位按键(Reset)、功能按键(Key)、通信接口(Communication Interface)、USB 上位机通信(USB)接口、电源(Power)接口以及外设接口(GP1、GP2、Stepper1、Stepper2、SW1、SW2)组成，如图 2-5 所示。

图 2-5 Dobot 机械臂底座扩展接口

5) 机械臂的二次开发

Dobot 机械臂支持 PC 通用桌面系统和嵌入式系统(如 Arduino 等)等多种方式进行二次

开发。

(1) PC 通用桌面系统：PC 通过 USB 连接机械臂，采用 API 方式(调用动态链接库)控制机械臂动作。

(2) 嵌入式系统：通过串口连接机械臂，通过 Dobot 通信协议控制机械臂动作。

2. 机械臂的坐标系

机械臂的坐标系分为关节坐标系和笛卡尔坐标系两种。关节坐标系是以各运动关节为参照物确定的坐标系；笛卡尔坐标系是以机械臂底座为参照物确定的坐标系。

1) 关节坐标系

如图 2-6 所示，Dobot 机械臂的关节坐标系以各运动关节为参照物。3 个关节 J_1、J_2、J_3 均为旋转关节，并以逆时针方向为正方向。关节 J_4 为末端工具部分的舵机，为旋转关节，以逆时针方向为正方向，可控制末端执行器(如吸盘、夹爪等)的运动。

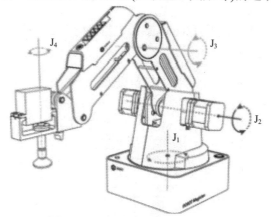

图 2-6 Dobot 机械臂的关节坐标系

2) 笛卡尔坐标系

如图 2-7 所示，Dobot 机械臂的笛卡尔坐标系以机械臂底座为参照物。坐标系原点是大臂、小臂以及底座 3 个电机轴的交点，如图 2-7(a)所示，3 个电机轴的正方向规定如下：

(1) x 轴方向垂直于固定底座向前。

(2) y 轴方向垂直于固定底座向左。

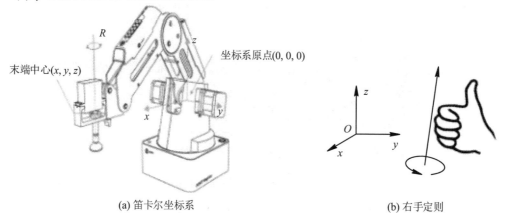

(a) 笛卡尔坐标系   (b) 右手定则

图 2-7 Dobot 机械臂

(3) z 轴方向符合右手定则，以垂直向上为正方向，如图 2-7(b)所示。

(4) R 轴为末端舵机中心相对于原点的姿态，以逆时针方向为正方向。

其中，R 轴的角度坐标为关节 J_1 和关节 J_4 的角度坐标之和。

3. 机械臂的运动模式

Dobot 机械臂有四种运动模式，即点动模式、点位(Point To Point，PTP)模式、连续轨迹(Continuous Path，CP)模式、圆弧(ARC)运动模式。其中，点位(PTP)模式和圆弧(ARC)运动模式统称为存点再现运动模式。

1) 点动模式

点动模式即在示教时移动机械臂，使机械臂从一个位置点移动至另外一个位置点。点动模式有以下两种实现方式。

(1) 如图 2-8 所示，按下小臂上的"解锁"按钮后，移动机械臂从一个位置点移动到另外一个位置点。

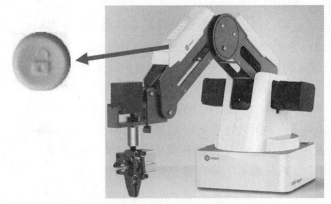

图 2-8　点动模式的实现方式一

(2) 如图 2-9 所示，在 DobotStudio 软件界面的右侧操作面板中，用鼠标单击"笛卡尔坐标"或"关节坐标"按钮，控制机械臂从一个位置点移动到另外一个位置点。在此过程中，每单击按钮一次，机械臂动作一步，即机械臂的每一步动作都需通过单击相应按钮实现。

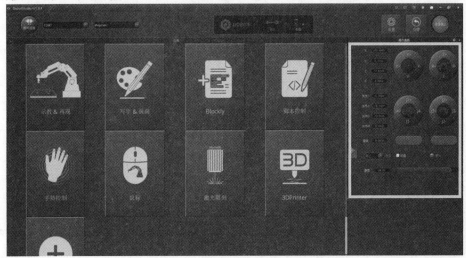

图 2-9　点动模式的实现方式二

2) 点位模式

点位(PTP)模式是指通过程序控制机械臂从一个位置点移动到另外一个位置点。程序只发送起始坐标和目标坐标，机械臂自动完成运动规划，并按照规划轨迹从起始位置运动到目标位置。

在点位模式控制下，始末速度均为 0 m/s，中间可以有不同的速度规划方式。图 2-10 列举了机械臂从 A 点到 B 点的两种运动轨迹。从 A 点到 B 点可以有多种方式，类似于爬山，可以乘坐缆车直接上山，也可以沿着蜿蜒崎岖的山路上山，起点和终端是一样的。

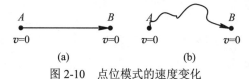

图 2-10　点位模式的速度变化

Dobot 机械臂的点位模式包括 MOVJ、MOVL 和 JUMP 三种。不同运动模式对应的运动轨迹也各不相同，如图 2-11 所示。

(1) MOVJ：关节运动，指通过调节机械臂各关节角度，使得机械臂从 A 点运动到 B 点，其运动轨迹任意，并不一定为直线，如图 2-11(a)所示。

(2) MOVL：直线运动，指机械臂从 A 点到 B 点的运动轨迹为直线，如图 2-11(a)所示。

注意　MOVL 点位模式容易出现奇异点(即不可到达的点)。

(3) JUMP：门形轨迹，该点位模式下机械臂从 A 点到 B 点分以下三步执行：

① 机械臂以 MOVJ 点位模式上升到一定高度(见图 2-11(b)中的 Height)；

② 机械臂以 MOVJ 点位模式平移到 B 点正上方的相同高度处；

③ 机械臂以 MOVJ 点位模式下降到 B 点所在位置。

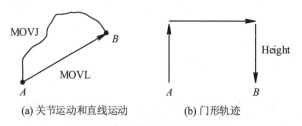

(a) 关节运动和直线运动　　　　(b) 门形轨迹

图 2-11　点位模式的运动轨迹

3) 连续轨迹模式

连续轨迹(CP)模式是指机械臂运动的轨迹为连续轨迹。在 CP 模式控制下，中间点的运动速度不为 0 m/s，是连贯运动，可通过速度前瞻的方式获得每个点的速度。图 2-12 所示为机械臂的 Z 字形运动轨迹，从 A 点运动到 D 点，中间位置点(如 B 点和 C 点)的速度不为零。CP 模式可应用于写字、画画、激光雕刻等场景。

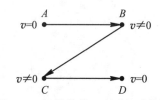

图 2-12　机械臂的 Z 字形运动轨迹

4) 圆弧运动模式

圆弧(ARC)运动模式是指机械臂的运动轨迹为圆弧。圆弧轨迹总是从起点经过圆弧上任一点再到结束点,即圆弧轨迹由起点 *A*、圆弧中间任一点 *B* 和结束点 *C* 三点共同确定,如图 2-13(a)所示。在 DobotStudio 示教&再现模式下,*A*、*B*、*C* 三点存点模式的选择如图 2-13(b)所示。

注意　在使用圆弧运动模式时,圆弧上的三点不能在同一条直线上。

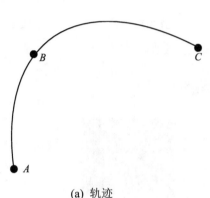

(a) 轨迹

(b) ABC 三点运动模式选择

图 2-13　圆弧运动模式

点位(PTP)模式和圆弧(ARC) 运动模式统称为存点再现运动模式,可在示教&再现模式下测试这两种模式。

机械臂的运动模式不同,其应用场景也不同,如表 2-3 所示。

表 2-3　不同运动模式的应用场景

运动模式		应 用 场 景
点位模式	MOVL	当应用场景中要求存点回放的运动轨迹为直线时,可采用 MOVL 点位模式
	MOVJ	当应用场景中不要求存点回放的运动轨迹,但要求运动速度快时,可采用 MOVJ 点位模式
	JUMP	当应用场景中两点运动需抬升一定的高度时,如抓取、吸取等场景,可采用 JUMP 点位模式
圆弧运动模式	ARC	当应用场景中要求存点回放的运动轨迹为圆弧时,如点胶等场景,可采用 ARC 运动模式

4. 机械臂的末端执行器

Dobot 机械臂的末端执行器是指安装在机械臂末端,用以执行特定工作任务的工具。机械臂常用的末端执行器包括吸盘、气动夹爪、3D 打印头、激光雕刻笔等,如图 2-14 所示。

Dobot 机械臂末端执行器的默认安装为吸盘套件。吸盘套件主要由吸盘、舵机、气泵盒和气管等组成,如图 2-15 所示。其中,吸盘和控制吸盘旋转的舵机安装在机械臂末端,舵机与机械臂通过 GP3 接口连接;气泵盒通过气管连接吸盘,并通过信号线接口 GP1 和电源接口 SW1 连接机械臂底座。

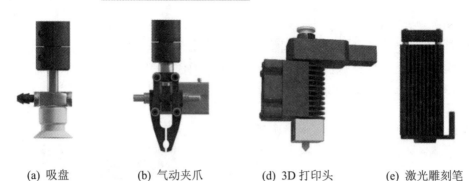

(a) 吸盘　　　(b) 气动夹爪　　　(d) 3D 打印头　　　(e) 激光雕刻笔

图 2-14　Dobot 机械臂末端执行器

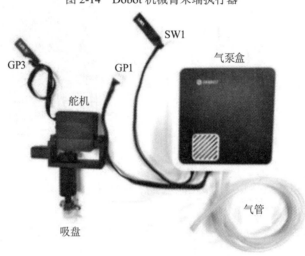

图 2-15　吸盘套件

在实际生产中，吸盘作为机械臂的重要末端执行器之一，其选型直接影响到机械臂的作业效率。目前，吸盘主要包括 4 种类型，即电磁吸盘、仿生吸盘、静电吸盘和真空吸盘，各吸盘使用情况如下。

(1) 电磁吸盘：要求目标物体必须是导磁体，主要应用于铁磁场景，如图 2-16(a)所示。

(2) 仿生吸盘：要求待吸取物体表面要清洁，主要应用于医疗、工业等领域，如图 2-16(b)所示。

(3) 静电吸盘：要求待吸取物体可通过静电感应进行物体吸附，主要应用于纺织行业的柔性布料、电子行业的半导体芯片等的吸附，如图 2-16(c)所示。

(4) 真空吸盘：对被吸取物体具备较宽适应性，在工业中广泛应用，如图 2-16(d)所示。

(a) 电磁吸盘　　　(b) 仿生吸盘　　　(c) 静电吸盘　　　(d) 真空吸盘

图 2-16　吸盘的种类

真空吸盘按形状可分为椭圆吸盘、波纹吸盘、扁平吸盘和特殊吸盘，如图 2-17 所示。

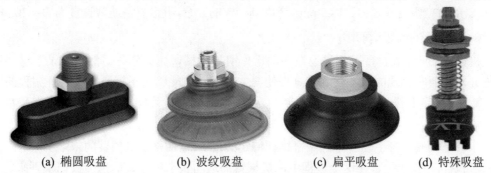

(a) 椭圆吸盘　　　　(b) 波纹吸盘　　　　(c) 扁平吸盘　　　　(d) 特殊吸盘

图 2-17　真空吸盘的种类

为了在吸取物体时能够得到有效的缓冲，波纹吸盘按层数可分为单层、双层、三层和多层吸盘，层数越多，缓冲行程越大。应根据被吸取物体的重量来选择波纹吸盘的吸附面直径，直径越大，可吸取的物体越重。图 2-18(a)和(b)所示均为三层波纹吸盘，二者的直径不同，图 2-18(c)所示为双层波纹吸盘。

(a) 三层波纹吸盘(大直径)　　　(b) 三层波纹吸盘(小直径)　　　(c) 双层波纹吸盘

图 2-18　波纹吸盘的种类

5. 吸盘直径 D 的计算方法

吸盘直径直接影响到机械臂的作业效果。通常情况下，较小直径的吸盘适用于小型轻量工件的吸取。物体越重，需要的吸盘直径越大。本任务采用圆形真空吸盘，其直径 D(mm)的计算公式如下：

$$D \geqslant \sqrt{\frac{9800ms}{\pi np}} \tag{2-1}$$

式中：m 为工件质量(kg)；s 为安全系数，吸盘吸附物体的方式有水平提升和垂直提升两种，如图 2-19 所示，当水平提升时，安全系数 $s = 4$，当垂直提升时，安全系统 $s = 8$；n 为吸盘数量；p 为真空压力(kPa)，真空吸盘内的真空度一般设定为真空发生器最大真空度的 63%～95%。

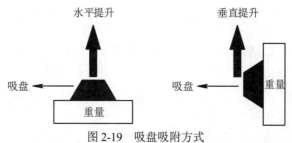

图 2-19　吸盘吸附方式

例如，已知机械臂负载最大为 500 g，即 $m = 0.5$ kg，当 $s = 4$，$n = 1$，$p = 35 \times 0.63$(kPa) 时，可计算真空吸盘直径 $D \geqslant 18.5$ mm；考虑到一定的冗余，吸盘直径通常设置为 $D = 20$ mm。

6. 机械臂的示教&再现

机械臂的示教&再现是一种通过手动操作引导机械臂完成任务，然后记录下这些操作过程并能够随时再现的技术。这一过程使得非专业用户能够在不需要深入了解编程的情况下，直观地配置和操作机械臂完成特定任务。以下是机械臂示教&再现的主要步骤和特点。

1) 示教

示教是指操作者手动引导机械臂执行特定的任务(包括移动机械臂的末端工具、改变姿态或者执行其他动作)，在这个过程中，机械臂的运动状态和位置信息会被记录下来。

2) 数据记录

数据记录是指在示教过程中，将机械臂的运动轨迹、关节角度、速度等运动参数记录下来，并存储在计算机或控制系统中。

3) 再现

再现是指在完成示教和数据记录后，操作者可以随时调用这些记录，使机械臂按照之前示教的方式再次执行任务。再现能使相同的任务在不同的时间点或不同的场景下重复执行。

4) 编辑和优化

示教&再现系统通常提供了编辑功能，允许操作者对记录的运动数据进行修改和优化，例如，在本任务中可修改机械臂末端吸盘的状态，包括调整运动路径、改变执行速度、添加或删除动作等操作，以适应不同的需求。

5) 实时控制和监测

一些先进的示教&再现系统允许实时控制和监测机械臂的运动。当机械臂执行任务时，操作者可以实时监视其运动状态，并在需要时实时调整。

材料准备

本次任务所需材料如表 2-4 所示。

表 2-4　材　料　清　单

序号	材料名称	说　　明
1	Dobot 机械臂及吸盘套件	硬件设备
2	红、绿、蓝积木若干	积木尺寸为 25 mm × 25 mm × 25 mm
3	DobotStudio	上位机软件

任务实施

本次任务主要进行机械臂硬件和软件环境搭建、机械臂开/关机操作，并通过示教&再现进行积木的抓取和搬运。

1. 硬件环境搭建

1) 末端执行器安装

末端执行器的安装包括连接气泵盒、安装吸盘套件到机械臂、连接气管、连接舵机线

4 个步骤，具体如下：

(1) 将气泵盒电源线 SW1 插入机械臂底座背面的 SW1 接口，将信号线 GP1 插入机械臂底座背面的 GP1 接口，如图 2-20 所示。

图 2-20　连接气泵盒

(2) 将吸盘套件插入机械臂末端插口中，并通过蝶形螺母锁紧固定，如图 2-21 所示。

(3) 将气泵盒的气管连接到吸盘的气管接头，如图 2-22 所示。

图 2-21　安装吸盘套件到机械臂

图 2-22　连接气管

(4) 将舵机上的连接线 GP3 插入小臂上的 GP3 接口，如图 2-23 所示。

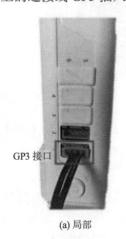

(a) 局部

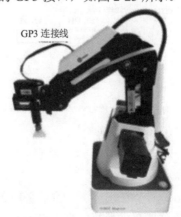

(b) 全景

图 2-23　连接舵机线

2) 机械臂线缆连接

如图 2-24 所示，首先使用 USB 连接线缆连接机械臂和计算机，然后使用电源适配器将机械臂连接到电源。

图 2-24　连接 USB 线缆和电源适配器

2. 软件环境搭建

DobotStudio 是一款用于机械臂控制和编程的软件，支持示教&再现、图形化编程、3D 打印等操作。DobotStudio 的下载地址为 http://dobot.cn/service/download-center。

1) 软件安装

首先解压已获取的 DobotStudio 软件包，双击 DobotStudioSetup.exe，选择语言为 Chinese。然后，分别安装两个 USB 转串口驱动 CH341 和 CP210，以适应不同版本的机械臂(V1 版本为 CH341，后期版本为 CP210)，如图 2-25 所示。

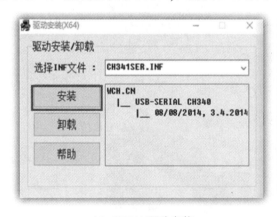

(a) CH341 驱动安装

(b) CP210 驱动安装

图 2-25　安装 USB 转串口驱动

2) 软件的图形界面

DobotStudio 软件以图形界面为主，采用菜单、工具栏和热键相结合的方式，具有一般 Windows 应用软件的界面风格。DobotStudio 启动后，出现如图 2-26 所示的图形界面。DobotStudio 软件的图形界面由公共区域、操作面板和应用区域构成。

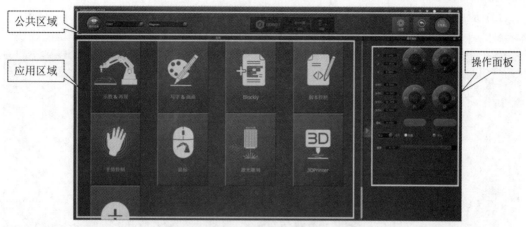

图 2-26　DobotStudio 软件的图形界面

(1) 公共区域。如图 2-27 所示，公共区域主要由连接机械臂，套件列表，机械臂设置、归零和急停按钮三部分组成。图 2-27(a)所示为连接机械臂部分，包括圆形连接按钮、串口号选择菜单、机械臂型号选择菜单三部分；图 2-27(b)所示为套件列表，用于选择滑轨、吸盘等套件；图 2-27(c)所示为机械臂设置、归零和急停按钮。

(a) 连接机械臂

(b) 套件列表

(c) 机械臂设置、归零和急停按钮

图 2-27　公共区域

(2) 操作面板。如图 2-28 所示，操作面板包括笛卡尔坐标系坐标显示与控制，关节坐标系轴角度显示与控制，滑轨控制，手爪、吸盘和激光控制以及点动速度控制五部分。

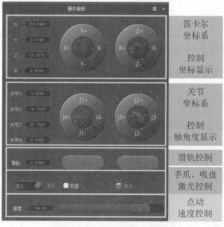

图 2-28　操作面板

(3) 应用区域。如图 2-29 所示，应用区域包括示教&再现、写字&画画、Blockly、脚本控制、手势控制、鼠标、激光雕刻、3DPrinter、添加更多(图 2-29 中的⊕)等功能模块。

图 2-29　应用区域

应用区域各模块功能如表 2-5 所示。

表 2-5　应用区域各模块功能

模块	功　　能
示教&再现	通过手动引导机械臂执行任务，机械臂能记录并再现这些动作
写字&画画	控制机械臂写字、画画
Blockly	利用图形化编程的方式控制机械臂，用户可通过拼图的方式进行编程，直观易懂
脚本控制	利用脚本语言控制机械臂
手势控制	通过手势控制机械臂
鼠标	通过鼠标控制机械臂
激光雕刻	控制机械臂雕刻灰度位图
3DPrinter	使用机械臂进行 3D 打印
添加更多	根据范例对机械臂进行二次开发

3. 机械臂开/关机操作

1) 开机

机械臂的开机流程如图 2-30 所示。

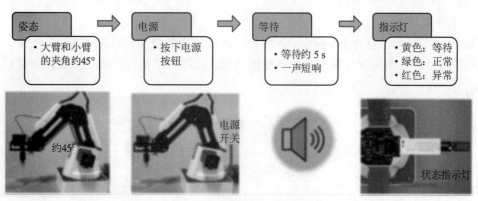

图 2-30 机械臂的开机流程

机械臂的开机步骤如下：

(1) 开机前，需用手扶起机械臂，调整大臂和小臂的夹角约为 45°。

(2) 按下底座上的电源按钮。

(3) 等待约 5 s，听到一声短响，表示机械臂完成开机操作。如果要关机，只需再次按下底座上的电源按钮即可。

(4) 如果底座上的状态指示灯由黄色变为绿色，表明开机正常；如果变为红色，则表明机械臂处于限位状态，即角度超出设定范围，需按下小臂上的"解锁"按钮并拖动大臂和小臂，使得其夹角约为 45°，然后松开解锁按钮，观察指示灯是否变为绿色，实际操作中，可能需要多次尝试才会成功。

2) 机械臂驱动检查

在设备管理器界面检查端口中是否存在 USB 转串口驱动 CP210x 或者 CH341，如图 2-31 所示。如果没有发现 USB 转串口驱动，需检查如下两个方面：

(1) 机械臂 USB 线是否已连接计算机，可尝试连接计算机其他 USB 口。

(2) 是否安装了驱动程序，只要正常安装了 DobotStudio，驱动程序一般都会正常工作。

图 2-31 设备管理器界面的 USB 转串口驱动

3) 连接上位机

如图 2-32 所示，打开 DobotStudio 软件，选择相应的端口，单击"连接"按钮，弹出"疑问"对话框，如果要使机械臂以高精度运行，则单击"等待连接"按钮；如果对精度要求不高，可以单击"立刻连接"按钮。

图 2-32　打开上位机软件并连接设备

4) 归零

机械臂在出厂时已进行过校准，如果机械臂在运行过程中发生碰撞或丢步，导致坐标读数异常，需对机械臂进行归零操作，以提高定位精度。在首次使用机械臂时，建议先归零。

如图 2-33 所示，在进行归零操作前，需确保机械臂运动范围内无障碍物；然后单击上位机软件的"归零"按钮，机械臂开始运动；在机械臂发出一声短响后，底座上的状态指示灯变为绿色时，表示归零成功。

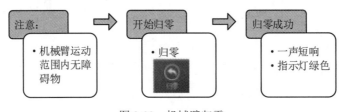

图 2-33　机械臂归零

5) 关机

如图 2-34 所示，在对机械臂进行关机操作时，首先使 PC 中 DobotStudio 软件"断开连接"；然后，按下机械臂底座上的电源按钮关闭机械臂电源，此时，小臂会缓慢向大臂靠拢，大、小臂之间的夹角变小，机械臂会自动运动至初始位置；最后，拔掉机械臂电源插头，使机械臂完全断电。

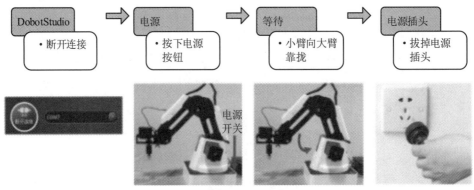

图 2-34　机械臂关机

4．积木的抓取与搬运

在完成了硬件、软件环境搭建后，开启机械臂，进入 DobotStudio 的图形界面，单击"示教&再现"模块按钮，进入如图 2-35 所示的"示教&再现"界面。

图 2-35　"示教&再现"界面

"示教&再现"界面由工具栏、存点坐标和存点模式三部分构成。工具栏位于界面的上方，由 9 个菜单组成，通过这些菜单可以进行文档的新建、打开、保存，也可以控制机械臂的运动。界面中间的存点坐标区域可以存储机械臂每个动作的坐标信息，用鼠标右键单击存点坐标，可对存点进行复制、插入、删除、上移、下移、设置为回零位置等编辑，如图 2-36 所示。位于界面右侧的存点模式区域可用于设置机械臂的运动模式。

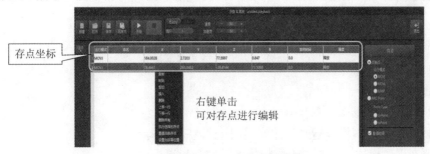

图 2-36　存点坐标编辑

在控制机械臂进行积木搬运前，应先选择末端执行器和运动模式，如图 2-37 所示，设置末端执行器为吸盘，运动模式选择为 MOVJ 点位模式。

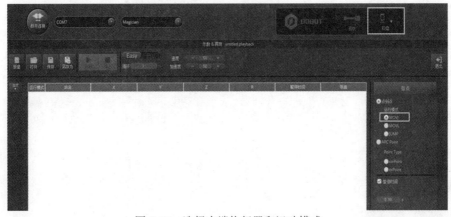

图 2-37　选择末端执行器和运动模式

积木搬运的操作步骤如下：

(1) 将积木放到机械臂可抓取的范围内。

(2) 设置机械臂初始位置。按住机械臂小臂上的"解锁"按钮，移动机械臂到底座正前方位置时释放按钮，此时，存点坐标区域会记录该点的坐标信息。双击存点坐标所在行(参见图 2-36)最右侧的吸盘状态栏，在弹出的列表中选择吸盘状态为"释放"。

(3) 设置抓取点。按住小臂上的"解锁"按钮，将机械臂移动到积木上方，使末端吸盘与积木紧密接触，释放按钮，存点坐标区域会记录第二个位置点的坐标信息，同时设置吸盘状态为"吸取"。

(4) 设置中间点。按住小臂上的"解锁"按钮，将机械臂移动到一定远处时释放按钮，记录第三个点的坐标信息，按步骤(3)将吸盘状态设为"吸取"。

(5) 设置放置点。按住小臂上的"解锁"按钮，将机械臂向下移动直至积木接触桌面，释放按钮，记录第四个点的坐标信息。按步骤(2)将吸盘状态设为"释放"。

(6) 完成步骤(1)~(5)后，单击工具栏左侧的"开始"按钮，机械臂开始进行积木的搬运。

在以上步骤中，步骤(2)~(5)为机械臂示教操作，即按住机械臂小臂上的"解锁"按钮，移动机械臂到目标位置。步骤(6)为机械臂动作再现，即机械臂按照(2)~(5)的示教内容再次执行动作。

任务考核

在机械臂上进行以下操作：

(1) 安装吸盘套件到机械臂。

(2) 连接好机械臂线缆。

(3) 机械臂开机。

(4) 进行机械臂归零操作。

(5) 通过操作面板控制机械臂动作(笛卡尔坐标、关节坐标)。

(6) 在示教&再现模式下，测试不同物体的抓取和搬运。

按照如下要求提交作业：

(1) 当机械臂在示教&再现模式下进行物体搬运时，对存点坐标的软件界面进行截图。

(2) 在机械臂搬运物体时，拍摄机械臂运动过程的照片。

任务 2.2　机械臂写字画画

任务要求

通过 DobotStudio 控制机械臂进行写字画画。

知识链接

参照任务 2.1 的知识链接内容。

材料准备

本任务所需材料如表 2-6 所示。

表 2-6　材　料　清　单

序号	材料名称	说　　明
1	Dobot 机械臂及写字画画套件	硬件设备
2	白纸	用于写字画画
3	DobotStudio	上位机软件

任务实施

本任务主要进行机械臂写字画画套件的安装，并通过 DobotStudio 控制机械臂进行写字画画。

1. 安装写字画画套件

Dobot 机械臂的写字画画套件如图 2-38 所示，它是由笔和夹笔器组成的。其中，夹笔器内径为 10 mm。

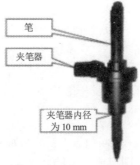

图 2-38　写字画画套件

1) 写字画画套件的安装步骤

(1) 将笔安装在夹笔器中。

(2) 用夹具锁紧螺丝将写字画画套件的夹笔器锁紧在机械臂末端，如图 2-39 所示。

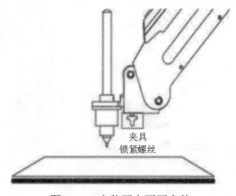

图 2-39　安装写字画画套件

2) 笔的更换方法

用 1.5 mm 内六角扳手，依次拧松夹笔器上的四颗 M3×5 机米螺丝即可进行更换，如图 2-40 所示。

说明：机米螺丝，又称顶丝，是螺丝的一种，它在螺纹角度、螺距方面与普通螺丝均有所不同。

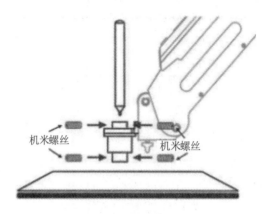

图 2-40　笔的更换方法

2. DobotStudio 连接机械臂

参照任务 2.1 中任务实施"3. 机械臂开/关机操作"开启机械臂，并与 DobotStudio 建立连接。

3. 机械臂写字画画

1) 写字画画界面简介

在 DobotStudio 图形界面公共区域中的套件列表中(见图 2-27(b))选择"笔"，单击应用区域的"写字&画画"模块按钮(见图 2-26)进入写字画画界面，如图 2-41 所示，按从左到右的顺序依次为工具栏、绘图区、图形或文本选择区。

注意　写字画画只能在半环形的绘图区内进行，超出绘图区会出现机械臂限位等异常。

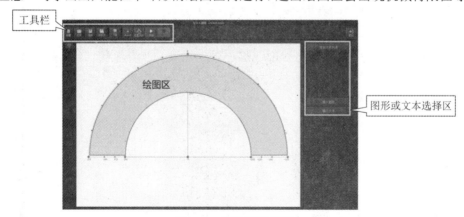

图 2-41　写字画画界面

2) 机械臂写字

(1) 如图 2-42 所示，在右侧文本区域输入文本"爱国"，单击下面的"OK"按钮，则绘图区出现相应文字。

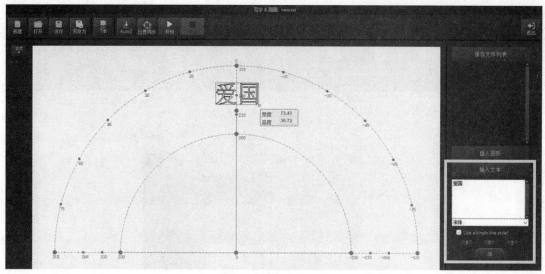

图 2-42　写字画画界面 2

(2) 在左侧绘图区可调整文字在环形区域内的位置，若超出环形范围，文字外框会变红，这会导致机械臂限位而无法正常写字。

(3) 如图 2-43 所示，单击工具栏中的"位置同步"按钮，可使机械臂末端与界面位置同步。

图 2-43　位置同步

(4) 在机械臂工作范围内放置一张纸，尽量让笔位于纸的中心位置。

(5) 如图 2-44 所示，通过 DobotStudio 操作面板调整机械臂的 Z 轴坐标(调整笔尖高度)，使得笔尖微压纸张。

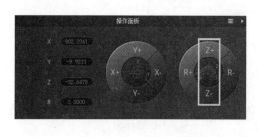

图 2-44　调整笔尖高度

(6) 如图 2-45 所示，单击工具栏中的"AutoZ"按钮，获取并保存当前的 Z 轴值。

图 2-45　获取并保存当前的 Z 轴值

(7) 如图 2-46 所示，单击工具栏中的"开始"按钮，开始写字。

图 2-46　机械臂写字

3) 机械臂画画

DobotStudio 软件内置了图形库，可以直接使用图形库中的图形进行绘制。如果图形库中不存在自己想要的图形，可以从外部导入图形。

(1) 如图 2-47 所示，单击工具栏中的"打开"按钮，在弹出的对话框中选择要绘制的图片文件。

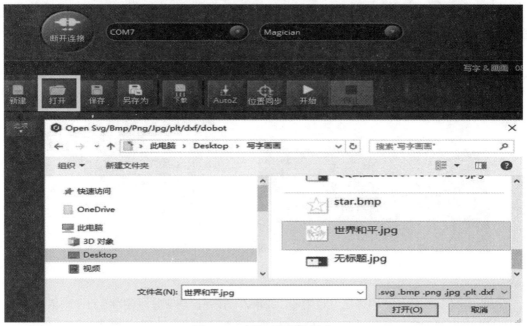

图 2-47　选择要绘制的图片

(2) 如图 2-48(a)所示，在 Svg Converter 窗口中，单击"将位图转换成 SVG"按钮，进行格式转换。

（3）如图 2-48(b)所示，单击"置入主界面"按钮，将格式转换后的图像导入主界面。

(a) 将位图转换为 SVG　　　　　　　　(b)将 SVG 置入主界面

图 2-48　位图转 SVG 并置入主界面

（4）参照"2)机械臂写字"部分，将纸放置到机械臂下方并调整机械臂的 Z 轴坐标。调整好图像位置后，单击"开始"按钮，机械臂开始在纸上画画，如图 2-49 所示。图 2-50 所示是绘制好的图像。

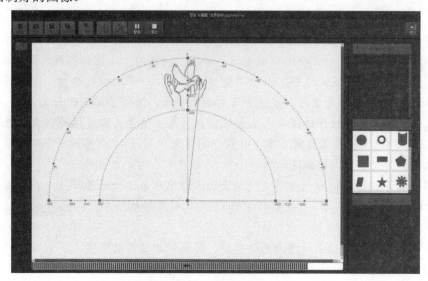

图 2-49　图像绘制中

图 2-50 绘制好的图像

任务考核

1. 从社会主义核心价值观中选择如下一组词，并用机械臂完成书写。
   富强、民主、文明、和谐、
   自由、平等、公正、法治、
   爱国、敬业、诚信、友善。
2. 用机械臂绘制一张与 24 字社会主义核心价值观相关的图形。
3. 用机械臂书写自己的姓名。

按照如下要求提交作业：

(1) 在机械臂书写过程中，对 DobotStudio 的操作界面进行截图。
(2) 对机械臂写字和画画的作品进行拍照。

拓展阅读　中国机器人之父

蒋新松(1931—1997)，中国工程院院士，战略科学家，原中国科学院沈阳自动化研究所所长，国家"863"计划自动化领域首席科学家，被誉为"中国机器人之父"。

蒋新松的童年饱经战乱之苦。七七事变后，蒋新松一家人四处逃亡，流落苏北。他在小传中写道："本该欢乐的童年，我饱尝了亡国的痛苦，懂得了祖国的含义。"

进入中学后，蒋新松开始探索人生为了什么、人生的意义和价值是什么。在班主任老师的启发下，他终于有了朦胧的答案，并在一篇作文中写道："我要做一个科学家、一个发明家，像牛顿、爱迪生、哥白尼那样……"

1956 年夏末，蒋新松以优异的成绩从交通大学电机系工企专业毕业。在征求毕业去向时，蒋新松毫不犹豫地回答："去搞科学研究！"他最终得偿所愿，1956 年被分配到中国科学院沈阳自动化研究所。

1983 年，由沈阳自动化所作为总体单位，蒋新松担任项目负责人，联合国内相关高校和科研院所，开展并完成了中国第一台潜深 200 米有缆遥控水下机器人"海人一号"的研究、设计与试验。这是我国机器人技术发展史上的一个重要里程碑。

1982 年，沈阳自动化所研制成功我国第一台具有点位控制和速度轨迹控制的 SZJ-1 型示教&再现工业机器人样机。1987 年，沈阳自动化所研制成功首台自动导引车(AGV)——移动式作业机器人"先锋一号"。1992 年，沈阳自动化所研制的九台 AGV 首次应用于汽车总装线。

在担任沈阳自动化所所长的 15 年中，"三感"(即压力感、危机感、责任感)是蒋新松最常挂在嘴边的词。当研究所取得成绩和进展时，他很少喜形于色，也劝别人不要沾沾自喜，他告诫全体员工："天外有天，骄兵必败""机不可失，时不我待"。不弄虚作假，坚持实事求是，是蒋新松一贯的作风。"其身正，不令则行；其身不正，虽令不从。"孔子的这句话是蒋新松严于律己、求真务实的真实写照。

2000 年，以蒋新松名字命名的高技术企业——沈阳新松机器人自动化股份有限公司正式成立，拉开了中国机器人全面产业化的序幕。

蒋院士主持研制了我国第一台示教&再现工业机器人，本任务所使用的具备示教&再现、写字画画等功能的机械臂也是由我国企业——深圳越疆科技研制开发的。可以说，我国机械臂的发展经历了从无到有、从有到优的跨越，尽管我们的机械臂技术已经取得了一定成就，但是我们也要时刻把蒋院士的"三感"铭记于心，刻苦学习、发奋图强、严于律己，求真务实，为祖国的科技事业砥砺前行。

学而时习之

(1) Dobot 机械臂由哪几部分组成？

(2) Dobot 机械臂关节坐标系的各个关节功能有哪些？

(3) 简述 Dobot 机械臂的笛卡尔坐标系。

(4) Dobot 机械臂有哪几种运动模式，当起点和终点间有障碍物遮挡时，应该选用哪种模式？

(5) 吸盘主要有哪几种类型？它们各有哪些特点？

(6) 简述 Dobot 机械臂开机流程以及异常处理方法。

(7) 如果 DobotStudio 无法连接机械臂，应该检查哪些方面？

(8) 何时需要进行机械臂归零操作？

(9) 在通过机械臂进行写字画画时，如何记录机械臂末端笔的 Z 轴高度？

项 目 3

机械臂编程

项 目 描 述

本项目首先从图形化编程、脚本编程、Python 编程三个方向介绍了 Dobot 机械臂的编程方法，然后引入人工智能技术，基于 OpenCV 和人脸识别库 face_recognition 实现人脸识别，进而实现机械臂的智能控制。

教 学 目 标

知识目标

➤ 理解积木搬运的基本程序逻辑。

➤ 掌握上位机与 Dobot 机械臂控制器的通信指令特点。

➤ 了解脚本编程常用函数的功能。

➤ 了解常用 Dobot API 函数的功能。

➤ 了解人脸识别库 face_recognition 的功能。

➤ 熟悉 OpenCV 的基本图像处理函数。

技能目标

➤ 掌握 DobotStudio 图形化编程的方法。

➤ 会进行脚本函数解析的查询。

➤ 掌握 DobotStudio 脚本编程的基本方法。

➤ 会搭建 Python 编程环境。

➤ 能够通过 Python 独立编程，实现对机械臂的控制。

➤ 能够将 DobotStudio 图形化编程代码移植到 Python 环境中，并进行代码修改。

➤ 会使用人脸识别库 face_recognition 进行人脸识别的基本操作。

素质目标

➤ 学习《"机器人+"应用行动实施方案》，激发守正创新、求知求学的昂扬斗志。

➤ "机不可失，时不我待"，青年学生要把握"机器人+"应用行动的大好机遇，多动手、勤思考、多实践，不断提升自身技能，强国有我，不负韶华。

任务 3.1　积木搬运——图形化编程

任务要求

通过 DobotStudio 进行 Blockly 图形化编程，实现积木搬运。

图形化编程

知识链接

在机械臂的操作过程中，应参照"任务 2.1　机械臂环境搭建"任务实施中的"机械臂开/关机操作"内容，遵循机械臂的开机、关机步骤进行相关操作。在机械臂操作过程中，如果机械臂底座状态指示灯显示为红色，则说明机械臂出现了异常报警，可按下机械臂小臂上的"解锁"按钮并调整机械臂姿态，或者按下机械臂底座背部的"复位按键(Reset)"来解除报警，更详细的机械臂报警处理方法可参见"任务 5.2 积木定位吸取"的知识链接部分。

材料准备

本任务所需材料如表 3-1 所示。

表 3-1　材 料 清 单

序号	材料名称	说　明
1	Dobot 机械臂及吸盘套件	硬件设备
2	红、绿、蓝积木若干	积木尺寸为 25 mm × 25 mm × 25 mm
3	扑克牌 4 张	扑克牌尺寸为 55 mm × 85 mm
4	DobotStudio	上位机软件

任务实施

本任务主要介绍机械臂开机前的环境准备、DobotStudio 软件中的 Blockly 图形化编程界面，并通过 Blockly 图形化编程来实现积木搬运。

1. 机械臂开机前的环境准备

机械臂开机前的环境准备包括机械臂开机、机械臂连接上位机及机械臂归零操作，可参照"任务 2.1　机械臂环境搭建"的"机械臂开/关机操作"中的相关内容进行操作。

2. Blockly 编程界面

Blockly 是一个图形化编程平台。在该平台上，用户可通过拼图的方式进行编程来控制机械臂的运行，直观易懂。单击 DobotStudio 软件图形界面中应用区域的"Blockly"模块按钮可进入 Blockly 图形化编程界面，如图 3-1 所示。在 Blockly 图形化编辑界面，按从左到右、从上到下的顺序依次为图形化模块选择区、Blockly 编程区、机械臂运行日志信息窗口和 Blockly 图形化模块对应的程序代码窗口；在编程完成后，通过单击"开始"按钮，可以启动程序运行。

图 3-1　Blockly 图形化编程界面

3. 积木搬运

本任务要求使用机械臂把垂直摆放的 3 个积木搬运到另外一个位置并垂直摆放，从而完成积木搬运任务。图 3-2 给出了相应的 Blockly 图形化编程的参考代码。其中，代码中的 X、Y、Z 坐标值可通过 DobotStudio 软件主页面右侧的操作面板读取。

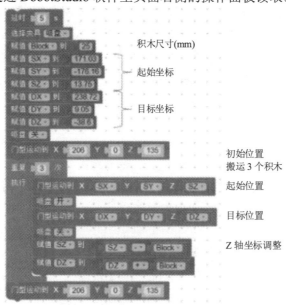

图 3-2　积木搬运的图形化编程代码

Blockly 图形化编程代码解析如下：

(1) 选择末端夹具为吸盘,设置积木尺寸变量 Block 为 25 mm,通过示教&再现方式(参见任务 2.1 中任务实施的"4. 积木的抓取与搬运")拖动机械臂先后到达起始位置和目标位置,从操作面板读取相应的 X、Y、Z 坐标值,分别作为机械臂的起始坐标(SX,SY,SZ)和目标坐标(DX,DY,DZ)。

(2) 通过示教方式拖动机械臂,使其居中,并且使机械臂末端吸盘高于桌面 3 个积木高度,将此时操作面板的坐标值作为机械臂起始位置坐标。因为需要搬运 3 个积木,所以重复次数为 3;在每个循环里,需要设置机械臂的起始和目标坐标,由于是垂直搬运和垂直摆放,所以需调整 Z 轴方向坐标 SZ 和 DZ。

(3) 完成 3 次搬运后,控制机械臂回到初始位置。

任务考核

通过 DobotStudio 软件进行 Blockly 图形化编程来完成积木搬运任务的要求如下:

(1) 完成 3 个积木(25 mm × 25 mm × 25 mm)的搬运,要求起始位置的积木垂直叠放,目标位置的积木水平摆放。

(2) 完成 4 张纸牌(55 mm × 85 mm)的搬运,要求起始位置的纸牌水平摆放,目标位置的纸牌垂直摆放。

按照如下要求提交作业:

(1) 图形化编程代码的截图。

(2) 机械臂搬运过程的照片。

任务 3.2　积木搬运——脚本编程

任务要求

通过机械臂脚本编程方法可对机械臂进行更加灵活的控制。

知识链接

脚本编程

上位机 DobotStudio 软件与 Dobot 机械臂控制器的通信指令具有以下两个特点。

1) 机械臂控制器对所有的指令都有返回值

(1) 当 DobotStudio 软件向机械臂控制器发送参数设置指令(SET)时,机械臂控制器会将指令中的参数去掉,然后将其返回给 DobotStudio 软件。

(2) 当 DobotStudio 软件向机械臂控制器发送参数获取指令(GET)时,机械臂控制器会将该指令想要获取的参数填入其参数域,然后将该指令返回给 DobotStudio 软件。

2) 机械臂控制器支持立即指令与队列指令

(1) 立即指令:控制器在收到立即指令后会立即处理,而不管当前控制器是否还在处理其他指令,立即指令返回值 = 0。

(2) 队列指令：控制器在收到队列指令后，会将该指令放入控制器内部的指令队列中。控制器将顺序执行指令队列中的指令，队列指令的返回值＝队列命令索引。

材料准备

本任务所需材料如表 3-1 所示。

任务实施

本任务主要是通过脚本编程，对机械臂进行更加灵活的控制。任务实施步骤包括环境准备、脚本编程、关节坐标运动控制和点到点(DTP)运动控制四个部分。

1. 环境准备

任务实施前的环境准备可参照"任务 2.1 机械臂环境搭建"中的相关内容，进行机械臂开机、连接上位机等操作。

2. 脚本编程

用户可通过脚本编程控制机械臂的运行，Dobot 机械臂提供了丰富的 API 接口，可供用户在二次开发时调用，如速度/加速度设置、运动模式设置、I/O 配置等。

单击 DobotStudio 应用区域的"脚本控制"模块按钮，可进入脚本控制窗口，如图 3-3 所示。脚本控制窗口左侧为函数选择列表，单击函数名前面的问号，可以在下侧的函数解析区查看函数解析；右侧为脚本编程区，双击左侧函数选择列表中的函数名称，就可以将函数写入脚本编程区；在脚本编程区将脚本编写完成后，单击上侧的运行、停止按钮可控制程序的启动、停止。

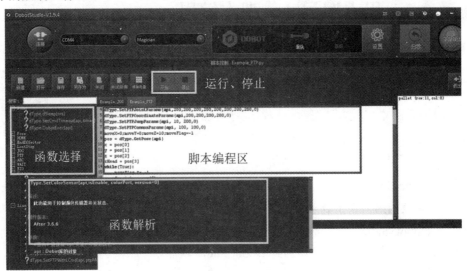

图 3-3　脚本控制窗口

3. 关节坐标运动控制

下面为机械臂关节坐标运动控制的示例代码。读者可将以下代码写入脚本编程区并运行，从而了解每个函数的功能、各参数的用途；还可尝试对函数中参数进行修改，以实现不同的关节坐标运动控制。

```
#Magician
#导入库
import math
#说明： 通过单击函数前面的 ?, 可获取每个参数的用途

#设置回零位置
#                     x       y       z      r
dType.SetHOMEParams(api,  206,   0,    135,   0,  isQueued=1)
#isQueued=1： 指令放入队列，逐个执行

#回零
dType.SetHOMECmd(api, temp=0, isQueued=1)

#延时 500ms
dType.SetWAITCmd(api, 500, isQueued=1)

#设置点动时各关节坐标轴的速度(°/s) 和加速度(°/s²)
#最大运动速度(250 g 负载)：大小臂、底座的旋转速度均为 320°/s
#末端旋转速度为 480°/s
#velocity[4];          #4 轴关节速度 velocity[4] = 150
#acceleration[4];      #4 轴关节加速度 acceleration[4] = 10
dType.SetJOGJointParams(api , 150, 150, 150, 150, 10, 10, 10, 10, 0)

for i in range(3):
    #执行点动指令
    #参数 2：点动方式，0—笛卡尔坐标轴点动；1—关节点动
    #参数 3：点动命令(取值范围 0～10)，0—空闲状态; 1—X+/Joint1+; 2—X-/Joint1-
    dType.SetJOGCmd(api, 1, 1, 1)    #J1+方向运动
    dType.SetWAITCmd(api, 500, 1)  #延时 500 ms
    dType.SetJOGCmd(api, 1, 0, 1)    #空闲状态
    dType.SetWAITCmd(api, 200, 1)  #延时 200 ms

    dType.SetJOGCmd(api, 1, 2, 1)    #J1-方向运动
    dType.SetWAITCmd(api, 500, 1)  #延时 500 ms
    dType.SetJOGCmd(api, 1, 0, 1)    #空闲状态
    dType.SetWAITCmd(api, 200, 1)  #延时 500 ms
```

4. 点到点(PTP)运动控制

下面为机械臂点到点(PTP)运动控制的示例代码。读者可将以下代码写入脚本编程区，从而了解每个函数的功能、各参数的用途；还可尝试对函数中参数进行修改，以实现不同的点到点(PTP)运动控制。

```
#Magician
import math

#设置回零位置
#x,  y,  z,  r,  isQueued
dType.SetHOMEParams(api,  200,  0,  135,  0,  isQueued=1)
#回零
dType.SetHOMECmd(api, temp=0, isQueued=1)
#延时 500ms
dType.SetWAITCmd(api, 500, 1)

#设置 PTP 运动的速度百分比和加速度百分比
dType.SetPTPCommonParams(api, 100, 50,1)
#设置 JUMP 模式下的抬升高度和最大抬升高度
#抬升高度 jumpHeight = 10 mm
#最大抬升高度 zLimit = 200 mm
dType.SetPTPJumpParams(api, 10, 200,1)
#设置变量初值
moveX=0; moveY=0; moveZ=10; #仅在 Z 方向运动 10mm
moveFlag=-1

#获取机械臂实时位姿，返回 x,y,z,r, 关节轴 jointAngle[4]
pos = dType.GetPose(api)
x = pos[0]
y = pos[1]
z = pos[2]
rHead = pos[3]

for i in range(2):
    moveFlag *= -1    #运动方向反转
    for i in range(3):
        #执行 PTP 指令，调用此函数可使机械臂运动至设置的目标点
        #参数 2： PTP 模式， 取值范围为 0～9
        #1—MOVJ 模式；2—MOVL 模式；(x,y,z,r)为笛卡尔坐标系下的目标点坐标
        #参数 7： isQueued， 是否将该指令指定为队列命令
        dType.SetPTPCmd(api, 1, x+moveX, y+moveY, z+moveZ, rHead, 1) #Z 方向+10mm
        #修改 X 坐标
        moveX += 10 * moveFlag
        #执行 PTP 指令
        dType.SetPTPCmd(api, 1, x+moveX, y+moveY, z+moveZ, rHead, 1) #X 方向运动+或-10 mm
        dType.SetPTPCmd(api, 1, x+moveX, y+moveY, z, rHead, 1)       #Z 方向运动-10 mm
```

任务考核

参考任务 3.1 中积木搬运的通用代码，通过 DobotStudio 进行脚本编程，实现积木搬运的功能。

按照如下要求提交作业：

(1) 对积木搬运脚本进行截图。

(2) 对积木搬运过程进行拍照。

任务 3.3　积木搬运——Python 编程

任务要求

通过 Pycharm 进行 Python 编程，实现积木搬运。

知识链接

参照任务 3.2 的知识链接内容。

Python 编程

材料准备

本任务所需材料如表 3-2 所示。

表 3-2　材 料 清 单

序号	材料名称	说　　　明
1	Dobot 机械臂及吸盘套件	硬件设备
2	红、绿、蓝积木若干	积木尺寸为 25 mm × 25 mm × 25 mm
3	扑克牌 4 张	扑克牌尺寸 55 mm × 85 mm
4	Pycharm	建议使用 2021 及以上版本
5	pp_py37	已配置好的 conda 虚拟环境，包含 Python3.7 以及实验所需的库文件
6	DobotDllType.py，DobotDll.h，DobotDll.dll，msvcp120.dll，msvcr120.dll，Qt5Core.dll，Qt5Network.dll，Qt5SerialPort.dll	Dobot 机械臂动态库
7	DobotControl_block_stu.py	机械臂控制代码
8	Dobot-Magician-API-V1.2.3.pdf	Dobot-Magician-API 接口说明

任务实施

本次任务主要通过 Python 编程实现积木搬运。任务实施步骤包括环境搭建、新建工程、创建目录、创建 Python 文件、拷贝机械臂动态库、代码编写和图形化编程代码移植七个部分。

1. 环境搭建

环境搭建是指将已配置好的虚拟环境 pp_py37 拷贝到 Pycharm 相应目录下，具体操作如下：

(1) 单击"开始"菜单，依次打开 Anaconda→Anaconda Prompt。

(2) 在 Anaconda Prompt 中输入命令 conda info-e，获取虚拟环境路径，如图 3-4 所示。

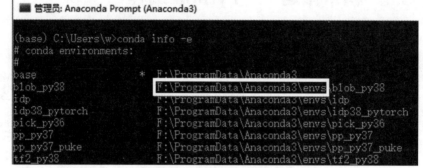

图 3-4　获取虚拟环境路径

(3) 将 pp_py37.tar.gz 拷贝到虚拟环境所在文件夹。

(4) 右键单击 pp_py37.tar.gz，解压到当前文件夹，如图 3-5 所示。

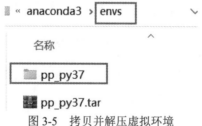

图 3-5　拷贝并解压虚拟环境

2. 新建工程

在 Pycharm 中新建工程的操作步骤如下：

(1) 在磁盘根目录下新建文件夹 ArmPy。

(2) 打开 Pycharm，通过"Projects→New Project"新建工程，如图 3-6 所示。

图 3-6　新建工程

(3) 在 New Project 页面的 Location 栏输入 ArmPy 文件夹路径并勾选编译器选项,如图 3-7 所示。

图 3-7　配置新工程

(4) 单击图 3-7 右下方的"选择"按钮,进入环境配置页面,如图 3-8 所示。在 Conda Environment 下,选择 pp_py37 虚拟环境(参见表 3-2),勾选 Make available to all projects 选项,使得当前环境可以被所有工程使用,如图 3-8 所示。单击页面右下角 OK 按钮,返回 New Project 页面。

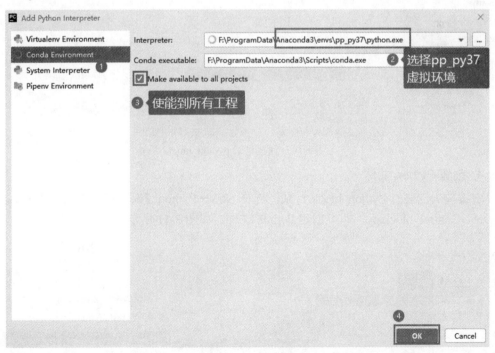

图 3-8　环境配置页面

(5) 单击 New Project 页面右下角的 Create 按钮,完成新工程的创建,如图 3-9 所示。

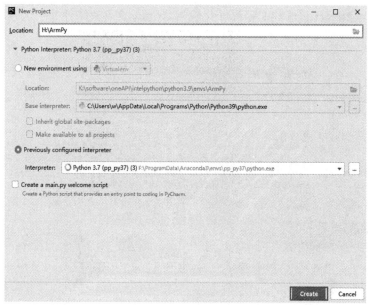

图 3-9　创建新工程

3. 创建目录

右键单击工程(Project)窗口中的 ArmPy 目录，选择 New→Directory，在弹出的 New Directory 窗口中输入目录名称 python_block，完成目录创建，如图 3-10 所示。

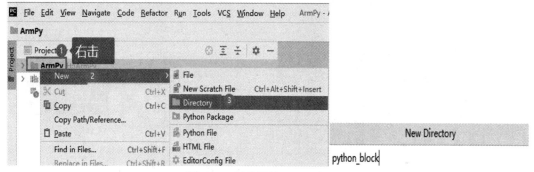

图 3-10　创建目录 python_block

4. 创建 Python 文件

右键单击创建的 Python_block 目录，选择 New→Python File，在弹出窗口中输入文件名 DobotControl_block.py，即可创建 Python 文件，如图 3-11 所示。

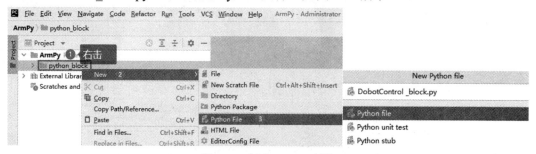

图 3-11　创建 Python 文件

5. 拷贝机械臂动态库

将表 3-2 中第 6 项的机械臂动态库文件拷贝到目录 python_block 下，如图 3-12 所示。

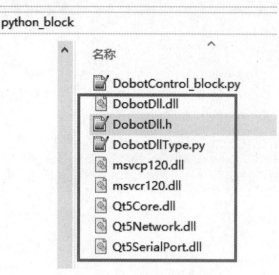

图 3-12　拷贝机械臂动态库文件

6. 代码编写

以下为 DobotControl_block_stu.py 文件内容，读者需将以下代码拷贝到 DobotControl_block.py 中，并编写函数 ARM_Action 中的 DobotStudio 脚本部分的代码(将在 "7. 图形化编程代码移植" 中进行讲解)。

```
#库文件
import DobotDllType as dType

#机械臂控制
class ARM_Control( ):
    #连接状态信息，转换成易于理解的文本
    CON_STR = {
        dType.DobotConnect.DobotConnect_NoError:    "DobotConnect_NoError",
        dType.DobotConnect.DobotConnect_NotFound: "DobotConnect_NotFound",
        dType.DobotConnect.DobotConnect_Occupied: "DobotConnect_Occupied"}

    #初始化
    def __init__(self):
        #1. 加载动态链接库，获取库对象(api)。后续所有 Python API 调用时都需使用到该对象
        #将 Dll 读取到内存中并获取对应的 CDLL 实例
        #Load Dll and get the CDLL object
        self.api = dType.load()
```

```
#连接机械臂
def ARM_Connect(self,ComNum="COM3"):
    #2. 连接 Dobot，并打印连接信息，连接成功才处理相关代码
    #建立与 Dobot 的连接
    #Connect Dobot
    state = dType.ConnectDobot(self.api, ComNum, 115200)[0]
                                          #根据计算机设备管理器串口号修改
    print("Connect status:",self.CON_STR[state])
    #3. 正常连接
    if (state == dType.DobotConnect.DobotConnect_NoError):
        return True
    else:
        return False


#机械臂动作控制
def ARM_Action(self):
    #3.1 清空队列
    #Clean Command Queued
    dType.SetQueuedCmdClear(self.api)
    print("S1")
    '''
    需要修改的地方：
    1. 去掉指令后的 Ex 后缀，目前的版本不支持带 Ex 后缀的指令
    2. 末端执行器函数，需要在括号里面添加最后一项参数，
"isQueued=1"，如果不写，默认是  isQueued=0
    因为所有的指令都是队列模式，即：命令加入队列后逐个执行，末端执行器的指令
也需加入队列
    3. 在最后一项指令前面，添加 "lastIndex="末尾,添加 "[0]"
    获取最后一条指令的执行索引，为后面等待时长设置依据
    '''
    # 3.2
#Dobot Studio 脚本 Start --------------------------------------------------


#Dobot Studio 脚本 End --------------------------------------------------

    #3.3 开始执行指令队列
    #Start to Execute Command Queue
    dType.SetQueuedCmdStartExec(self.api)
```

```
#3.4 如果还未完成指令队列则等待
#Wait for Executing Last Command
print(f'The Last Index =%d '%lastIndex)
print(f'The Current Index =%d '%dType.GetQueuedCmdCurrentIndex(self.api)[0])
print("Waiting...")
while lastIndex > dType.GetQueuedCmdCurrentIndex(self.api)[0]:
    dType.dSleep(100)
#print("S7")


#3.5 停止执行指令
#Stop to Execute Command Queued
dType.SetQueuedCmdStopExec(self.api)
#print("S8: Stop")


#断开与机械臂的连接
def ARM_Disconnect(self):
    #4. 断开连接
    #Disconnect Dobot
    dType.DisconnectDobot(self.api)
    print("S9: Disconnect Dobot")


if _ _name_ _ == "_ _main_ _":
    #S1: 机械臂控制类实例化
    myARM = ARM_Control()

    #S2: 串口连接机械臂
    myARM.ARM_Connect("COM3")

    #S3: 机械臂动作
    myARM.ARM_Action()

    #S4: 与机械臂断开串口连接
    myARM.ARM_Disconnect()
```

7. 图形化编程代码移植

1) 代码拷贝

将 Blockly 积木搬运对应的 Python 代码(见图 3-13 右下方方框内程序代码), 拷贝到 DobotControl_block.py 函数 ARM_Action 中的 Dobot Studio 脚本部分(见图 3-14)。

注意 要进行代码缩进, 如图 3-14 左侧三个矩形框所示。

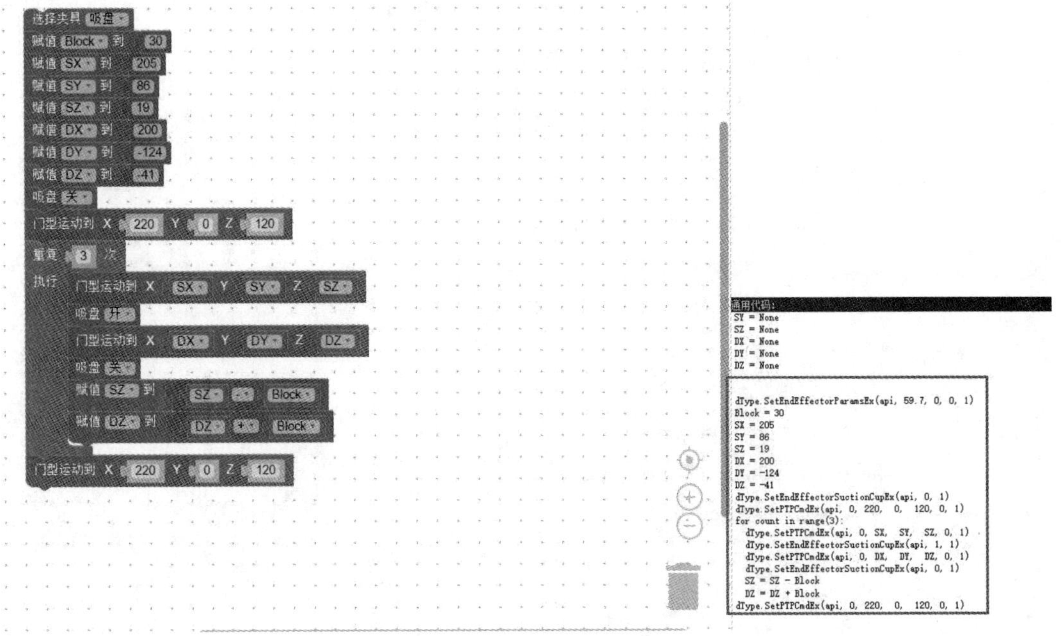

图 3-13　blockly 图形化编程代码

```
#Dobot Studio 脚本 Start --------------------------------
    dType.SetEndEffectorParamsEx(api, 59.7, 0, 0, 1)
    Block = 30
    SX = 205
    SY = 86
    SZ = 19
    DX = 200
    DY = -124
    DZ = -41
    dType.SetEndEffectorSuctionCupEx(api, 0, 1)
    dType.SetPTPCmdEx(api, 0, 220,  0,  120, 0, 1)
    for count in range(3):
        dType.SetPTPCmdEx(api, 0, SX,  SY,  SZ, 0, 1)
        dType.SetEndEffectorSuctionCupEx(api, 1, 1)
        dType.SetPTPCmdEx(api, 0, DX,  DY,  DZ, 0, 1)
        dType.SetEndEffectorSuctionCupEx(api, 0, 1)
        SZ = SZ - Block
        DZ = DZ + Block
    dType.SetPTPCmdEx(api, 0, 220,  0,  120, 0, 1)
#Dobot Studio 脚本 End --------------------------------
```

图 3-14　DobotControl_block.py 中的 Dobot Studio 脚本部分

2) 修改代码

由于动态链接库 DLL 文件版本问题，Dobot Studio 的脚本代码需要进行修改后，才能在 Python 工程中运行，具体修改如下：

(1) 去掉所有指令后的 Ex 后缀，因为目前的 DLL 版本不支持带 Ex 后缀的指令，如图 3-15 所示。

```
#Dobot Studio 脚本 Start -------------------------------
    dType.SetEndEffectorParamsEx(api, 59.7, 0, 0, 1)
    Block = 30
    SX = 205
    SY = 86
    SZ = 19
    DX = 200
    DY = -124
    DZ = -41
    dType.SetEndEffectorSuctionCupEx(api, 0, 1)
    dType.SetPTPCmdEx(api, 0, 220,  0,  120, 0, 1)
    for count in range(3):
        dType.SetPTPCmdEx(api, 0, SX,  SY,  SZ, 0, 1)
        dType.SetEndEffectorSuctionCupEx(api, 1, 1)
        dType.SetPTPCmdEx(api, 0, DX,  DY,  DZ, 0, 1)
        dType.SetEndEffectorSuctionCupEx(api, 0, 1)
        SZ = SZ - Block
        DZ = DZ + Block
    dType.SetPTPCmdEx(api, 0, 220,  0,  120, 0, 1)
#Dobot Studio 脚本 End ---------------------------------
```

图 3-15　去掉所有指令后的 Ex 后缀

(2) 修改末端执行器控制函数 SentEndEffectorSuctionCup 中的参数：在 SentEndEffector SuctionCup 后面括号里面添加最后一项参数 isQueued = 1(即队列模式指令)，如果不添加，则默认 isQueued = 0(即立即模式指令)。本程序中机械臂所有的指令均为队列模式，即命令加入队列后逐个执行，所以，末端执行器的指令也需设置为队列模式，如图 3-16 所示。

```
#Dobot Studio 脚本 Start -------------------------------
    dType.SetEndEffectorParams(api, 59.7, 0, 0, 1)
    Block = 30
    SX = 205
    SY = 86
    SZ = 19
    DX = 200
    DY = -124
    DZ = -41
    dType.SetEndEffectorSuctionCup(api, 0, 1, 1 )
    dType.SetPTPCmd(api, 0, 220,  0,  120, 0, 1)
    for count in range(3):
        dType.SetPTPCmd(api, 0, SX,  SY,  SZ, 0, 1)
        dType.SetEndEffectorSuctionCup(api, 1, 1, 1 )
        dType.SetPTPCmd(api, 0, DX,  DY,  DZ, 0, 1)
        dType.SetEndEffectorSuctionCup(api, 0, 1, 1 )
        SZ = SZ - Block
        DZ = DZ + Block
    dType.SetPTPCmd(api, 0, 220,  0,  120, 0, 1)
#Dobot Studio 脚本 End ---------------------------------
```

图 3-16　修改末端执行器控制函数

(3) 获取最后一条指令的执行索引：在最后一项指令前面添加"lastIndex="，末尾添加"[0]"，以获取最后一条指令的执行索引，为后面等待时长设置依据，如图 3-17 所示。

```
#Dobot Studio 脚本 Start ------------------------------------------
    dType.SetEndEffectorParams(api, 59.7, 0, 0, 1)
    Block = 30
    SX = 205
    SY = 86
    SZ = 19
    DX = 200
    DY = -124
    DZ = -41
    dType.SetEndEffectorSuctionCup(api, 0, 1, 1 )
    dType.SetPTPCmd(api, 0, 220,  0,  120, 0, 1)
    for count in range(3):
        dType.SetPTPCmd(api, 0, SX,  SY,  SZ, 0, 1)
        dType.SetEndEffectorSuctionCup(api, 1, 1, 1 )
        dType.SetPTPCmd(api, 0, DX,  DY,  DZ, 0, 1)
        dType.SetEndEffectorSuctionCup(api, 0, 1, 1 )
        SZ = SZ - Block
        DZ = DZ + Block
    lastIndex = dType.SetPTPCmd(api, 0, 220,  0,  120, 0, 1)[0]
#Dobot Studio 脚本 End ------------------------------------------
```

图 3-17　获取最后一条指令的执行索引

(4) 将 api 替换为 self.api：因为类的变量必须以 self. 为前缀。

任务考核

通过 Pycharm 进行 Python 编程，完成积木搬运动作，任务要求如下：

(1) 完成 3 个积木(25 mm × 25 mm × 25 mm)的搬运，其中，起始位置积木垂直叠放，目标位置积木水平摆放。

(2) 完成 4 张纸牌(55 mm × 85 mm)的搬运，其中，起始位置纸牌水平摆放，目标位置纸牌垂直摆放。

按照如下要求提交作业：

(1) Python 编程代码的截图。

(2) 对机械臂搬运过程进行拍照。

任务 3.4　人脸解锁机械臂

任务要求

运用 AI 人脸识别技术来实现人脸解锁机械臂。如果人脸检测通过，则机械臂开始搬运积木；如果检测未通过或没检测到人脸，则机械臂不动作。

人脸解锁机械臂

知识链接

1. face_recognition 人脸识别库简介

face_recognition 是一个功能强大、简单易上手的人脸识别开源项目，项目网址为 https://github.com/ageitgey/face_recognition。它基于业内领先的 C++ 开源图形库 dlib 开发，并通过 Python 语言封装成简单易用的 API 库，使得人脸识别变得轻而易举。该库屏蔽了人脸识别算法的细节，极大降低了开发人员的工作难度，被誉为世界上最简单的人脸识别库之一。此外，face_recognition 基于 dlib 中的深度学习模型，在 Labeled Faces in the Wild 人脸数据集上的测试准确率达到了 99.38%。

安装 face_recognition 库的方法很简单，只需单击"开始"菜单，依次打开 Anaconda →Anaconda Prompt，并输入 pip3 install face_recognition 命令即可完成安装。

下面通过代码和效果图片来介绍 face_recognition 的 3 个特性。

(1) 使用 face_recognition 可从图片中找到人脸，其示例代码如下：

```
import face_recognition
image = face_recognition.load_image_file("lena.jpg")
top, right, bottom, left = face_recognition.face_locations(image)
face_image = image[top:bottom, left:right]
```

以上示例代码的运行效果如图 3-18 所示。

图 3-18　从图片中找到人脸的代码运行效果

(2) 使用 face_recognition 可识别人脸上的眼睛、鼻子、嘴和下巴等关键点，其示例代码如下：

```
import face_recognition
image = face_recognition.load_image_file("lena.jpg")
face_landmarks_list = face_recognition.face_landmarks(image)
```

以上示例代码的运行效果如图 3-19 所示。

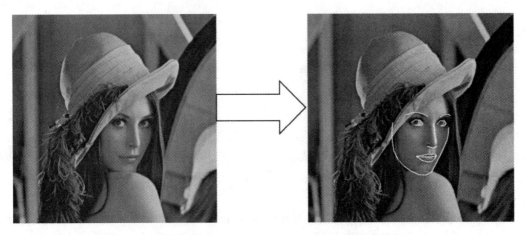

图 3-19　识别人脸关键点的代码运行效果

（3）使用 face_recognition 可识别图片中的人是谁，其示例代码如下：

```
import face_recognition
known_image = face_recognition.load_image_file(" lena.jpg")
unknown_image = face_recognition.load_image_file("unknown.jpg")

lena_encoding = face_recognition.face_encodings(known_image)[0]
unknown_encoding = face_recognition.face_encodings(unknown_image)[0]

results = face_recognition.compare_faces([lena_encoding], unknown_encoding)
```

以上示例代码的运行效果如图 3-20 所示。

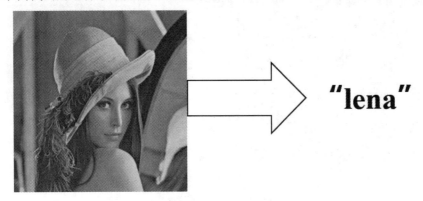

图 3-20　识别图片中的人是谁的代码运行效果

2. Dlib 简介

Dlib 是一个开源 C++ 开发工具箱，其中包括机器学习、数值计算、图形模型推理、图像处理等算法和工具，广泛应用于工业和学术领域。

Dlib 的安装方法很简单，单击开始菜单，依次打开 Anaconda→Anaconda Prompt，分别输入 pip install cmake 和 pip install dlib 两条命令并执行即可完成安装。

Dlib 相关资料的参考网址为 http://dlib.net 和　http://dlib.net/python/index.html。

材料准备

本任务所需材料如表3-3 所示。

表 3-3 材 料 清 单

序号	材料名称	说　明
1	Dobot 机械臂及吸盘套件	硬件设备
2	红、绿、蓝积木若干	积木尺寸为 25 mm × 25 mm × 25 mm
3	USB 摄像头	硬件设备
4	Pycharm	建议使用 2021 及以上版本
5	pp_py37	已配置好的 conda 虚拟环境，包含 Python3.7 以及实验所需的库文件
6	DobotDllType.py，DobotDll.h，DobotDll.dll，msvcp120.dll，msvcr120.dll，Qt5Core.dll，Qt5Network.dll，Qt5SerialPort.dll	Dobot 机械臂动态库
7	DobotControl_block.py	机械臂控制代码(积木搬运，源自任务 3.2)
8	face 文件夹	包含人脸识别库、人脸比对图片文件夹等

任务实施

本任务主要进行工程搭建、基于人脸识别技术实现人脸解锁机械臂并控制机械臂进行积木搬运。任务实施步骤包括工程搭建、素材准备、机械臂控制代码修改、人脸识别和机械臂控制程序编写四个部分。

1. 工程搭建

工程搭建的操作步骤如下：

(1) 复制任务 3.3 中新建的 Python 工程文件夹，并修改文件夹名称为 3_4_python_face。

(2) 将表 3-3 材料清单中的 face 文件夹中的文件拷贝到 3_4_python_face 文件夹中。

(3) 在 3_4_python_face 文件夹中新建 Python 文件 faceRecognition.py，如图 3-21 所示。

图 3-21　工程文件列表

2. 素材准备

为完成人脸解锁机械臂任务，需进行如下准备工作：

(1) 用摄像头采集不少于 3 个人的人脸，并进行裁剪，推荐图像宽度为 480 像素以下。

(2) 将图像保存在目录 face\img\face_recognition 下。

(3) 将每张图片以姓名拼音命名。

3. 机械臂控制代码修改

机械臂控制代码的文件名为 DobotControl_block.py，对其进行修改，在文件代码中注释掉主函数(快捷键为 Ctrl + /)，使得机械臂由上层直接控制，如图 3-22 所示。

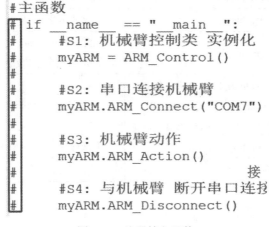

```
#主函数
#if __name__ == "__main__":
#    #S1: 机械臂控制类 实例化
#    myARM = ARM_Control()
#
#    #S2: 串口连接机械臂
#    myARM.ARM_Connect("COM7")
#
#    #S3: 机械臂动作
#    myARM.ARM_Action()
#                            接
#    #S4: 与机械臂 断开串口连接
#    myARM.ARM_Disconnect()
```

图 3-22　注释掉主函数

4. 人脸识别和机械臂控制程序编写

参照如下代码，编写人脸识别和机械臂控制程序文件 faceRecognition.py。

注意　在编写时要将 myName 修改为自己图片的文件名。

```
#coding=utf-8
'''
【说明】人脸识别类 - 使用 face_recognition 模块
需提前采集人脸图像，并以人名命名图片，保存在 face\img\face_recognition 目录中
'''
import os
import cv2
import face_recognition
import DobotControl_block              #机械臂控制库

imgPath = "face/img/face_recognition"  #人脸图片目录
facecolor = (0, 255, 0)                #通过绿色框在图像中识别出人脸的位置

myName = "teacher"
```

```
#加载图片，并获取图片名称
#返回：图片名称、每个图片的特征编码
def loadImg_GetImgName( imgPath ):
    total_image_name = [ ]                    #存放每张图片的名称
#存放每个人脸图像的编码：提取图像关键点作为数据标识，便于后面的对比
    total_face_encoding = [ ]
    for fn in os.listdir(imgPath):            #fn 表示的是文件名 q
        print(imgPath + "/" + fn)
        #人脸图片编码，并保存到 total_face_encoding
        total_face_encoding.append(
            face_recognition.face_encodings(
                face_recognition.load_image_file(imgPath + "/" + fn))[0])

        fn = fn[:(len(fn) - 4)]               #截取图片名(这里应该把图片名命名为人物名)
        total_image_name.append(fn)           #图片名字列表
    return total_image_name,total_face_encoding


#主函数
if __name__ == "__main__":
    recog_name = "Unknown" #识别出的人脸姓名
    armAction = False

    #S1.1: 机械臂控制类实例化
    myARM = DobotControl_block.ARM_Control()

    #S1.2: 串口连接机械臂
    myARM.ARM_Connect("COM7")

    #S2.1: 加载人脸图片，提取图像特征
    total_image_name,total_face_encoding = loadImg_GetImgName(imgPath)

    #S2.2: 开启摄像头
    cap = cv2.VideoCapture(0)

    while True:
        #S3: 读取摄像头图像
        ret, frame = cap.read( )

        #S4: 发现在视频帧: 对所有的脸进行人脸编码
```

```
'''
查找人脸位置 人脸分割
face_locations(img, number_of_times_to_upsample=1, model="hog"):
        img 是一个 numpy.array 指定要查找人脸位置的图像矩阵
        number_of_times_to_upsample 指定要查找的次数
        model 指定查找的模式 'hog' 不精确但是在 CPU 上运算速度快
                'CNN' 是一种深度学习的精确查找, 但是速度慢,
                需要 GPU/CUDA 加速
        返回:人脸位置 list  (top, right, bottom, left)
'''

face_locations = face_recognition.face_locations(frame)
'''
对人脸进行编码
face_encodings(face_image, known_face_locations=None,
num_jitters=1, model="small"):
        face_image 指定数据类型为 numpy.array 编码的人脸矩阵和数据类型
        known_face_locations 指定人脸位置,如果值为 None 则默认按照 'Hog' 模式
                        调用 _raw_face_locations 查找人脸位置
        num_jitters 重新采样编码次数,默认为 1
        model 预测人脸关键点个数, large 为 68 个点, small 为 5 个关键点
        返回: 128 维特征向量 list
'''

face_encodings = face_recognition.face_encodings(frame, face_locations)

#S5: 在这个视频帧中循环遍历每个人脸
for (top, right, bottom, left), face_encoding in zip(
        face_locations, face_encodings):
        #看看面部是否与已知人脸相匹配。
        for i, v in enumerate(total_face_encoding):
                '''
                人脸对比
                compare_faces(known_face_encodings,
face_encoding_to_check, tolerance=0.6):
                        known_face_encodings 已经编码的人脸 list
                        face_encoding_to_check 要检测的单个人脸
                        tolerance 默认人脸对比距离长度,数值越小越严格,典型值=0.6
                                对比方式: 计算两个人脸编码差的范数
                                np.linalg.norm(face_encodings - face_to_compare, axis=1)
                        返回: 对比结果 list
```

```
                          '''
            match = face_recognition.compare_faces(
                [v], face_encoding, tolerance=0.4)
            recog_name = "Unknown"
            #如果存在第一个匹配结果，则获取位置索引对应的图片名称
            if match[0]:
                recog_name = total_image_name[i] #识别出的人脸对应的姓名
                break
        #画出一个框，框住脸
        cv2.rectangle(frame, (left, top), (right, bottom), facecolor, 2)

        #画出一个带名字的标签，放在框下
        cv2.rectangle(frame, (left, bottom - 35), (right, bottom), (0, 0, 255),
                    cv2.FILLED)

        #显示人脸对应的姓名
        font = cv2.FONT_HERSHEY_DUPLEX #字体
        cv2.putText(frame, recog_name, (left + 6, bottom - 6), font, 1.0,
                    (255, 255, 255), 1)
        #S6: 判断识别出的姓名是否匹配
        result_display = ""
        armAction = False
        if recog_name == myName:
            print("解锁成功！我开始搬运积木了")
            result_display = "Welcome"
            armAction = True
        elif recog_name == "Unknown":
            print("请把脸对准摄像头！")
        else:
            print("解锁失败！")
            result_display = "Vistor"
        cv2.putText(frame, result_display, (left, bottom+12), font, 1.0,
                    (255, 255, 255), 1)
    #S7: 显示结果图像
    cv2.imshow('Video', frame)
    if cv2.waitKey(1) & 0xFF == ord('q'):
        break

#S8: 如果人脸识别通过，则进行机械臂运动
```

```
        if armAction:
            myARM.ARM_Action() #机械臂动作
            armAction = False

        #摄像头关闭，释放资源
        cap.release( )
        cv2.destroyAllWindows( )

        #S9：与机械臂断开串口连接
        myARM.ARM_Disconnect( )
```

任务考核

使用人脸解锁机械臂，并实现积木搬运动作，要求如下：

(1) 实现 3 个大小为 25 mm × 25 mm × 25 mm 的积木搬运，其中，起始位置积木垂直叠放，目标位置积木水平摆放。

(2) 实现 4 张纸牌(55 mm × 85 mm)搬运，其中，起始位置纸牌水平摆放，目标位置纸牌垂直摆放。

按照如下要求提交作业：

(1) Python 编程代码的截图。

(2) 人脸识别效果的照片。

拓展阅读　《"机器人+"应用行动实施方案》简介

2023 年 1 月，工业和信息化部等十七部门联合印发《"机器人+"应用行动实施方案》，以下简称实施方案，全面推进机器人在各行业各地方深化应用和特色实践，进一步激发产业创新活力，释放产业发展动能，助力实现高质量发展。

实施方案指出："坚持应用牵引、典型引领、基础支撑，发挥部门、地方、行业等多方作用，以产品创新和场景推广为着力点，分类施策，拓展机器人应用深度和广度，培育机器人发展和应用生态，增强自主品牌机器人市场竞争力，推进我国机器人产业自立自强，为加快建设制造强国、数字中国，推进中国式现代化提供有力支撑。"

实施方案聚焦十大应用重点领域，分别是制造业、农业、建筑、能源、商贸物流、医疗健康、养老服务、教育、安全应急和极限环境应用、商业社区服务。

以商贸物流为例，实施方案要求研制自动导引车、自主移动机器人、配送机器人、自动码垛机、智能分拣机、物流无人机等产品；推动 5G、机器视觉、导航、传感、运动控制、机器学习、大数据等技术融合应用；支持传统物流设施智能化改造，提升仓储、装卸、搬运、分拣、包装、配送等环节的工作效率和管理水平；鼓励机器人企业开发末端配送的整体解决方案，促进机器人配送、智能信包箱(智能快件箱)等多式联动的即时配送场景普及推广。打造以机器人为重点的智慧物流系统，提升商贸物流的数字化水平。"

　　本项目通过图形化编程、脚本编程和 Python 编程三种方式控制机械臂完成积木搬运，同时结合人脸识别技术实现了机械臂解锁。随着我国《"机器人+"应用行动实施方案》的推出，作为机器人典型代表的机械臂必将在各行各业大放异彩，"机不可失，时不我待"，希望学习者把握好大好机遇，多动手、勤思考、多实践，不断提升自身技能，强国有我，不负韶华。

学而时习之

(1) 上位机与 Dobot 机械臂控制器的通信指令有哪些特点？

(2) 在 PC 上通过 Python 控制机械臂，需要包含的机械臂的动态库文件有哪些？

(3) 在机械臂 Python 编程中，机械臂的状态一般包括哪些？

项 目 4

机械臂进阶

项 目 描 述

本项目通过积木搬运分拣和"有感情"的传送带两个任务，介绍实现多机械臂协同控制和机械臂智能控制的方法。

教 学 目 标

知识目标

➢ 熟悉机械臂底座和小臂各接口的功能。

➢ 熟悉机械臂底座指示灯的功能。

➢ 理解积木搬运的程序逻辑。

➢ 了解人脸检测与表情识别的流程。

➢ 熟悉传送带速度设置函数。

技能目标

➢ 能够进行机械臂与传送带、光电传感器和颜色传感器的连接。

➢ 会通过程序测试传送带、光电传感器和颜色传感器。

➢ 会设置机械臂的回零点。

素质目标

➢ 学习与大风对峙的故事，激发白折不挠的艰苦奋斗精神。

➢ "纵使疾风起，人生不言弃"，新时代青年要自信自强、怀抱梦想又脚踏实地、敢想敢为又善作善成，不负韶华。

任务 4.1 积木搬运分拣——图形化编程

任务要求

通过机械臂、传送带、光电传感器和颜色传感器构建机械臂搬运分拣系统，实现积木抓取、运输、定位、分拣和码垛的功能。

积木搬运分拣
(图形化编程)

知识链接

1. 机械臂接口说明

机械臂的接口分别位于机械臂底座和小臂上，下面分别介绍。

1) 机械臂底座接口

如图 4-1 所示，机械臂底座接口从左到右依次为复位按键(Reset)、功能按键(Key)、通信接口(Communication Interface)、USB 接口、电源(Power)接口、外设接口(Peripheral Interface)。机械臂底座各接口主要功能如表 4-2 所示。

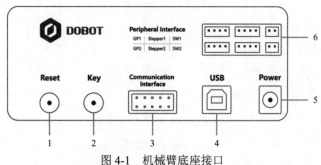

图 4-1　机械臂底座接口

表 4-2　机械臂底座接口功能说明

序号	接　口	功 能 说 明
1	复位按键(Reset)	复位 MCU 程序，按下按键，底座指示灯变为黄色，约 5 s 后底座指示灯变为绿色，表示复位成功
2	功能按键(Key)	短按一下，执行脱机程序；长按 2 s 以上，启动归零操作
3	通信接口(Communication Interface)	采用 Dobot 协议，可连接蓝牙、WiFi 模块
4	USB 接口	支持与 PC 连接，便于通信
5	电源(Power)接口	电源适配器，提供 12 V 稳定电压
6	外设接口(Peripheral Interface)	可连接气泵、挤出机、传感器等外部设备

从图 4-1 可以看出，外设接口和通信接口中有很多端口，结构较复杂，下面分别介绍。

(1) 外设接口中共有 6 个端口，各端口名称如图 4-1 中外设接口 6 所示，各端口功能说明如表 4-3 所示。

表 4-3　外设接口中各端口的功能说明

序号	端口	功 能 说 明
1	SW1	气泵盒电源接口/自定义 12 V 可控电源输出端口
2	SW2	自定义 12 V 可控电源输出端口
3	Stepper1	自定义步进电机端口：3D 打印挤出机端口(3D 打印模式)/传送带电机端口/滑轨电机端口
4	Stepper2	自定义步进电机端口
5	GP1	气泵盒控制信号端口/光电传感器端口/颜色传感器端口/自定义通用端口
6	GP2	自定义通用端口/颜色传感器端口/滑轨回零开关端口

机械臂底座上的外设接口各引脚的名称和位置如图 4-2 所示，引脚可划分为复用 I/O 和步进电机引脚两大功能区。

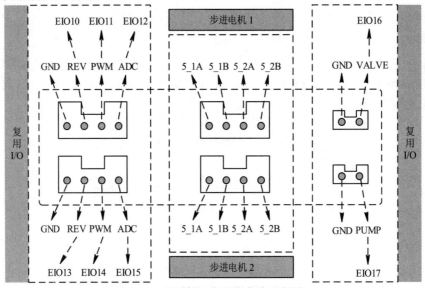

图 4-2　外设接口各引脚名称和位置

(2) 通信接口主要提供与蓝牙、WiFi 模块连接功能，通信接口各引脚名称与位置如图 4-3 所示。

通信接口中各端口按照功能可分为 6 种类型，各类型端口引脚的功能说明如表 4-4 所示。

表 4-4　通信接口中各类端口的功能说明

序号	端口	功 能 说 明
1	电源接口	5 V、GND；12 V、GND
2	串口 UART	RX，TX
3	复位	nRST
4	EIO18	电平输出(3.3 V)
5	EIO19	电平输入(3.3 V)
6	EIO20	STOP KEY(连接外部的停止按键)；电平输入(3.3 V)

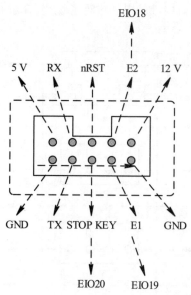

图 4-3 通信接口各引脚名称与位置

2) 机械臂小臂外设接口

机械臂小臂外设接口由 GP3、GP4、GP5、SW3、SW4、ANALOG 共 6 个端口组成，如图 4-4 所示。

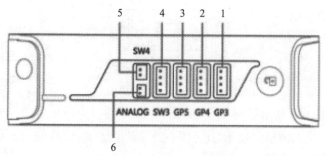

图 4-4 机械臂小臂外设接口

机械臂小臂外设接口主要提供 R 轴舵机、光电传感器、激光雕刻、3D 打印的连接功能，各端口的功能说明如表 4-5 所示。

表 4-5 机械臂小臂外设接口中各端口的功能说明

序号	端口	功 能 说 明
1	GP3	R 轴舵机接口/自定义通用接口
2	GP4	自动调平接口/光电传感器接口/颜色传感器接口/自定义通用接口
3	GP5	激光雕刻信号接口/光电传感器接口/颜色传感器接口/自定义通用接口
4	SW3	3D 打印加热端子接口(3D 打印模式)/自定义 12 V 可控电源输出
5	SW4	3D 打印加热风扇(3D 打印模式)/激光雕刻电源接口/自定义 12 V 可控电源输出
6	ANALOG	3D 打印热敏电阻接口(3D 打印模式)

图 4-5 对表 4-5 中 6 个端口内部的引脚进行了说明,在进行连接时需注意端口的朝向,不要接反。

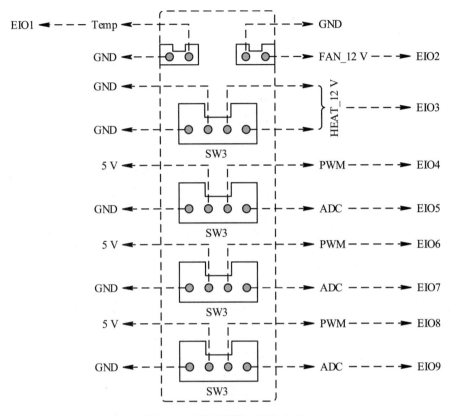

图 4-5 小臂外设接口引脚定义

3) 机械臂底座上的指示灯

位于机械臂底座上面板的指示灯(见图 2-2)可以呈现绿色、黄色、蓝色、红色 4 种颜色,各颜色及状态标识的功能如表 4-6 所示。

表 4-6 机械臂底座指示灯各颜色及状态标识的功能说明

序号	状态	功 能 说 明
1	绿色常亮	正常
2	黄色常亮	启动状态
3	蓝色常亮	脱机状态
4	蓝色闪烁	正在执行回零操作/正在进行自动调平
5	红色常亮	处于限位状态/报警未清除/3D 打印套件连接错误

2. 传送带

传送带是一种在工业和物流中输送物体的装置,通常由一条连续的带状物体组成,通过电动机或其他动力装置驱动,沿着一定的轨道或路径移动。传送带广泛应用于各种场景,可以提高生产效率,降低劳动强度。

1) 传送带简介

本任务中采用了微型传送带进行积木的运输。传送带通过一台两相直流 42(直径 42 mm) 步进电机驱动，如图 4-6 所示。步进电机的步距角为 1.8°，角度误差为 0.09°。

图 4-6　微型传送带和步进电机

本任务采用的传送带的参数如表 4-7 所示。

表 4-7　传送带参数

序号	传送带参数	参 数 值
1	运行负载	500 g
2	有效运载长度	600 mm
3	最大速度	120 mm/s
4	最大加速度	1200 mm/s^2
5	尺寸	700 mm × 215 mm × 60 mm
6	重量	4.2 kg

2) 传送带连接

将传送带接线端子插入机械臂底座外设接口的 Stepper1 端口，其连接方式如图 4-7 所示。

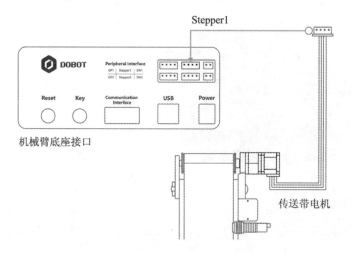

图 4-7　传送带与机械臂底座的连接方式

3) 传送带测试

参考图 4-8,从左侧模块区选择"设置传送带"模块,结合"基础"中的"延时"模块设计传送带测试程序。运行该测试程序,即可控制传送带以 50 mm/s 的速度运行 3 s。

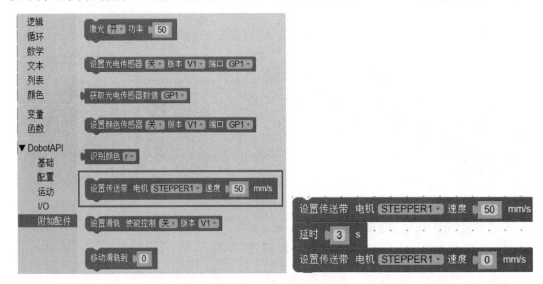

图 4-8　传送带测试

3. 光电传感器

光电传感器是一种能够将光信号转化为电信号的传感器。它广泛应用于自动化控制、环境监测、医疗器械等多个领域。光电传感器的作用是通过感知光信号的变化,实现对物体、环境等的监测和控制。

1) 光电传感器简介

如图 4-9 所示,光电传感器主要提供检测功能,通过调节旋钮可以检测前方一定距离内是否有物体。若检测到物体,则红色指示灯亮,读取结果为 1;否则红色指示灯灭,读取结果为 0。

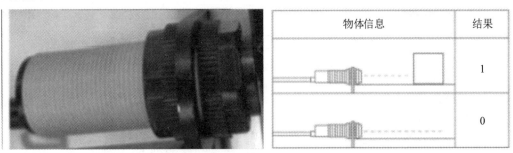

图 4-9　光电传感器

2) 光电传感器连接

如图 4-10 所示,将光电传感器的引出线通过 GP4 端口连接到机械臂小臂,即完成了光电传感器的连接。

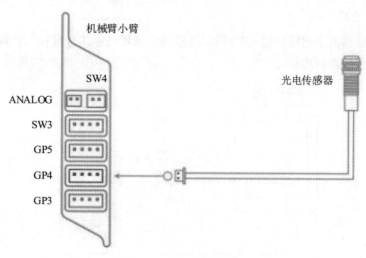

图 4-10　光电传感器连接

3) 光电传感器测试

参考图 4-11，从左侧模块区分别选择"设置光电传感器"和"获取光电传感器数值"模块，结合"文本"中的"打印"模块设计光电传感器测试程序。运行该测试程序，即可在右上方的日志窗口打印光电传感器的数值。

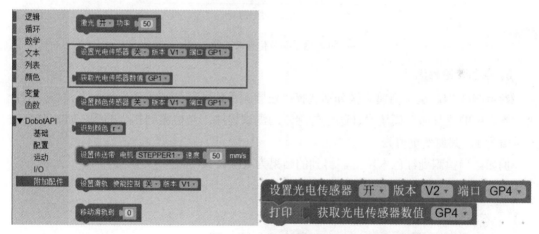

图 4-11　光电传感器测试

4. 颜色传感器

颜色传感器是一种能够检测和识别物体颜色的传感器。它通过测量物体反射或发射的光的波长，并将这些信息转换为数字信号，从而实现对物体颜色的识别和分析。颜色传感器在自动化、机器人技术、质量控制和各种工业应用中发挥着重要作用。

1) 颜色传感器简介

如图 4-12 所示，颜色传感器可识别蓝色、绿色和红色 3 种基本颜色，其识别对象为不发光物体，当光线不足时，可开启四角的白色 LED 补光灯进行颜色识别。

图 4-12　颜色传感器

2) 颜色传感器连接

将颜色传感器的引出线通过 GP2 端口连接到机械臂底座的外设接口，如图 4-13 所示，即可完成颜色传感器的连接。

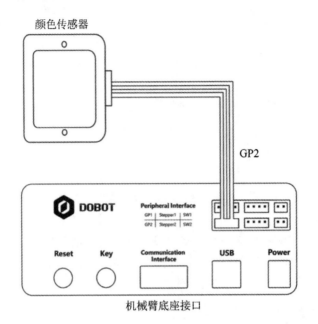

图 4-13　颜色传感器连接

3) 颜色传感器测试

参考图 4-14，从左侧模块区分别选择"设置颜色传感器"和"识别颜色"模块，结合"文本"中的"打印"模块设计颜色传感器的测试程序。当检测到相应的颜色时，对应的变量值为 1，其他变量值为 0。

例如，当检测到红色木块时，得到的结果为 R = 1，G = 0，B = 0。

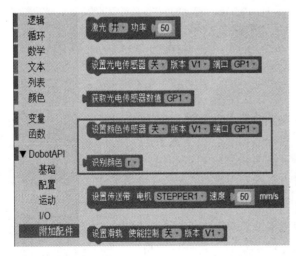

图 4-14　颜色传感器测试

材料准备

本任务所需材料如表 4-1 所示。

表 4-1　材 料 清 单

序号	材料名称	说　明
1	Dobot 机械臂及吸盘套件	硬件设备
2	积木若干	积木尺寸为 25 mm × 25 mm × 25 mm
3	传送带	硬件设备
4	光电传感器	硬件设备
5	颜色传感器	硬件设备
6	工具套件和定位板	硬件设备
7	DobotStudio	上位机软件

任务实施

本任务主要是在完成硬件连接后，通过图形化编程实现积木抓取、运输、定位、分拣和码垛。任务实施步骤包括硬件连接、回零点设置、搬运程序设计、分拣程序设计四步。

1. 硬件连接

必须在机械臂完全断电的情况下，才能断开或者连接外部设备。当关闭机械臂时，待指示灯熄灭后，机械臂才可完全断电。

参照图 4-15 进行硬件摆放与连接。硬件部分主要包括 2 台机械臂、2 个气泵盒、1 台传送带、若干积木、1 个光电传感器和 1 个颜色传感器。

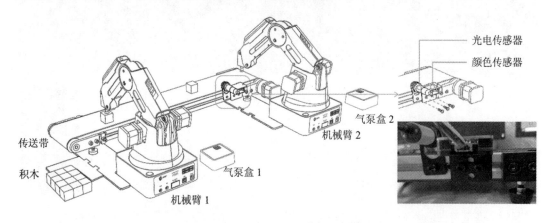

图 4-15　硬件摆放与连接全局图

设备间连接要求如下：

(1) 将传送带的电机线连接到机械臂 1 底座接口上的 Stepper1 端口。

(2) 将颜色传感器导线接到机械臂 2 底座接口上的 GP2 端口。

(3) 将光电传感器导线接到机械臂 2 小臂接口上的 GP4 端口。

2. 回零点设置

在完成硬件连接后，需设置两台机械臂的回零点。机械臂回零点可以设置得高一点，防止回零过程中碰撞而导致丢步；如果丢步，则需要重新回零机械臂。回零点设置的操作步骤如下：

(1) 打开 DobotStudio，连接机械臂并单击"示教&在线"模块按钮。

(2) 按住机械臂小臂上的"解锁"按钮，调整机械臂到需要设置的零点位置，松手则当前位置坐标被保存到当前列表中，双击数字可以对位置值做微调，如图 4-16 所示。

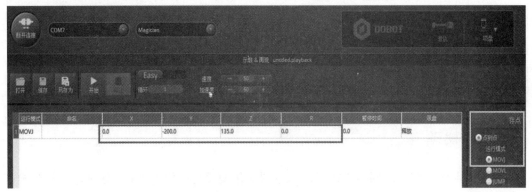

图 4-16　记录回零点坐标

(3) 在该点位位置单击鼠标右键，选择"设置为回零位置"，如图 4-17 所示。

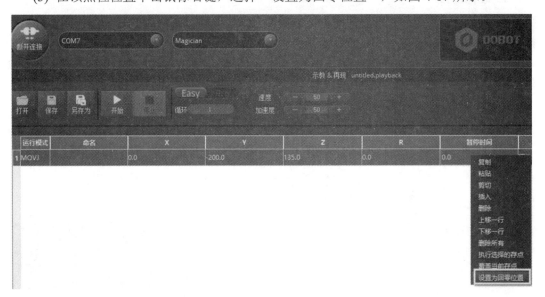

图 4-17　设置回零点位置

(4) 设置成功后，会弹出"确认"窗口，如图 4-18 所示。单击界面右上方的"归零"按钮，检查归零操作是否成功。如果归零操作失败，则按机械臂底座后面的 Reset 键，复位后重复上述操作。

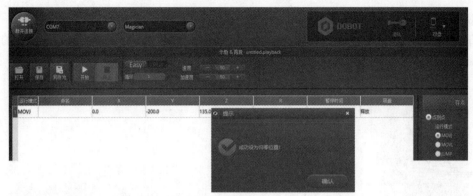

图 4-18　设置回零点

3. 搬运程序设计

如图 4-19 所示，本任务通过 2 台机械臂完成积木的搬运、分拣操作。其中，第一台机械臂 Dobot 1 用于搬运积木，第二台机械臂 Dobot 2 用于分拣积木。运行两个 DobotStudio 客户端，分别打开 Blockly，在 Dobot 1 对应的 Blockly 窗口中编写"搬运"程序，在 Dobot 2 对应的 Blockly 窗口中编写"分拣"程序。

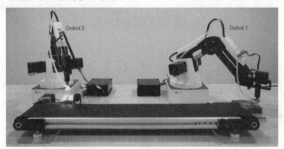

图 4-19　机械臂搬运、分拣积木

1) 获取"调试点"位置坐标

按住搬运机械臂 Dobot 1 小臂上的"解锁"键，将机械臂移动到第一块积木的位置，并让吸盘处于积木上方正中间位置；通过 DobotStudio 读取相应的 X、Y、Z 坐标，即可作为"调试点"位置坐标，如图 4-20 所示。

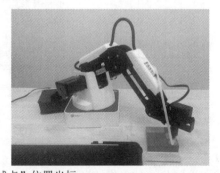

图 4-20　获取"调试点"位置坐标

2) 获取"放置点"位置坐标

在 DobotStudio 中，勾选"吸盘"选项，让吸盘吸住积木；按住 Dobot 1 小臂上的"解锁"键，将积木移动到传送带上搬运的起始位置；通过 DobotStudio 读取相应的 X、Y、Z 坐标，即可作为"放置点"位置坐标，如图 4-21 所示。

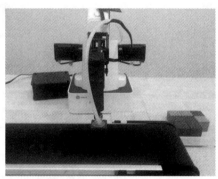

图 4-21　获取"放置点"位置坐标

3) 积木搬运程序

图 4-22(a)列出了机械臂笛卡尔坐标系下的 X、Y 坐标和运动方向的 J、K 坐标。以一层 3×3 积木(25 mm × 25 mm × 25 mm)为例，机械臂抓取方式为沿 J 方向顺序抓取 3 个积木，步长为积木长度 25 mm；然后沿 K 方向增加一个积木长度 25 mm，依次类推。机械臂的 X、Y 坐标与运动方向 J、K 坐标方向相反，所以待抓取积木的坐标为$(X-J, Y-K)$。积木搬运程序如图 4-22(b)所示。

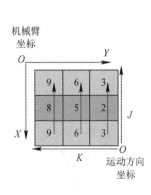

(a) 机械臂坐标与运动方向坐标

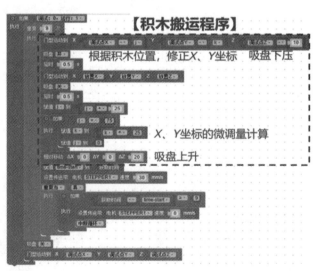

(b) 积木搬运程序

图 4-22　积木搬运程序

4) 传送带延时停止

通过设置传送带电机的运行速度和运行时间可控制传送带的运行距离，从而使积木到达光电传感器位置并准确地停留在分拣机械臂抓取范围内，如图 4-23 所示。

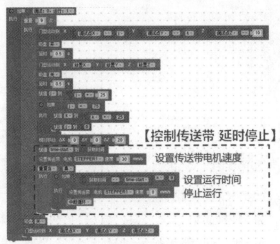

图 4-23　传送带延时停止

4. 分拣程序设计

分拣程序设计与前面的搬运程序设计一样，也要分步完成。首先通过示教方式获取"抓取点""颜色识别点"和"放置点"的位置坐标，然后使用分拣程序进行积木颜色识别与分类摆放。

1) 获取"抓取点"位置坐标

如图 4-24 所示，按住搬运机械臂 Dobot 2 小臂上的"解锁"键，将机械臂移动到积木停放的位置，并让吸盘处于积木上方正中间位置；通过 DobotStudio 读取相应的 X、Y、Z 坐标，即可作为"抓取点"位置坐标。

图 4-24　获取"抓取点"位置坐标

2) 获取"颜色识别点"位置坐标

在 DobotStudio 中，勾选"吸盘"选项，让吸盘吸住积木，按住 Dobot 2 小臂上的"解锁"键，将积木移动到颜色传感器上方 5～10 mm 范围内；通过 DobotStudio 读取相应的 X、Y、Z 坐标，即可作为"颜色识别点"位置坐标，如图 4-25 所示。

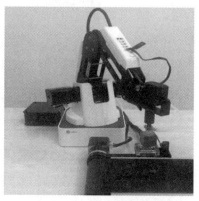

图 4-25　获取"颜色识别点"位置坐标

3）获取"放置点"位置坐标

在 DobotStudio 中，按住 Dobot 2 小臂上的"解锁"键，用机械臂将积木移动到可达的放置点；通过 DobotStudio 读取相应的 X、Y、Z 坐标，即可作为"放置点"位置坐标，如图 4-26 所示。

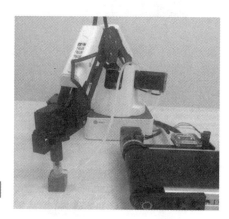

图 4-26　获取"放置点"位置坐标

4）积木颜色识别与分类摆放

积木颜色识别与分类摆放函数 getColorAndPlace 的图形化代码如图 4-27 所示。在该函数中，机械臂先将积木搬运到颜色传感器上方并识别积木颜色；然后，机械臂按照积木颜色搬运到相应的位置并进行堆叠摆放。

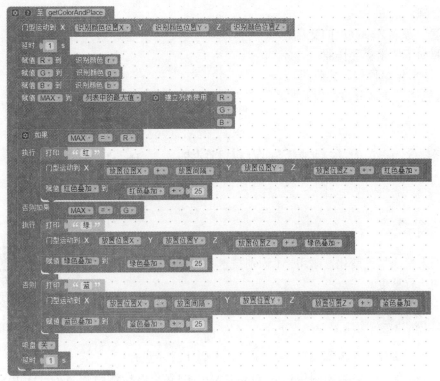

图 4-27　积木颜色识别与分类摆放的图形化代码

整个积木分拣程序的图形化代码如图 4-28 所示。其具体工作流程为：

(1) 程序读取光电传感器数值，如果检测到前方有物体，则控制机械臂打开吸盘、到达抓取位置抓取积木；

(2) 通过 getColorAndPlace 函数对积木进行颜色识别和分类摆放；

(3) 机械臂重新回到抓取位置。

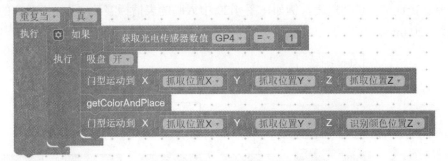

图 4-28　积木分拣程序的图形化代码

任务考核

通过 DobotStudio 进行 Blockly 图形化编程，实现积木搬运分拣功能，任务要求如下：

(1) 实现 3 × 3 × 2(每层积木为 3 行 3 列，共计 2 层)个 25 mm × 25 mm × 25 mm 积木搬运、分拣。

(2) 实现 2 × 2 × 2(每层积木为 2 行 2 列，共计 2 层)个 25 mm × 25 mm × 25 mm 积木的

搬运、分拣。

注意 考虑 Z 轴高度的变化。

按照如下要求提交作业：

(1) 图形化编程代码的截图。

(2) 机械臂搬运分拣过程的照片。

任务 4.2　"有感情"的传送带——Python 编程

任务要求

根据人脸表情的变化，采用 AI 识别技术和机械臂控制技术，控制传送带的运行速度。

知识链接

"有感情"的传
送带(Python 编

本任务的具体工作流程如图 4-29 所示，分以下三步进行：

(1) 将摄像头采集到的图像送入 OpenCV 中的多尺度检测函数 detectMultiScale()；该函数结合 OpenCV 中的 Haar 特征和级联分类器在图像中找出人脸，并对人脸图像进行处理。

(2) 经过处理的人脸图像送入 CNN 分类模型进行人脸表情识别预测，预测结果以表情标签数字(0～6)来表示。例如，图 4-29 中人脸的表情为"平静"，对应的标签数字为 6。

(3) 将表情标签对应的数值乘以 20 来作为传送带的运动速度，从而可以通过人脸表情变化来控制传送带的运动速度。例如，图 4-29 中人脸的表情标签数字为 6，对应的传送带速度则为 120 mm/s。

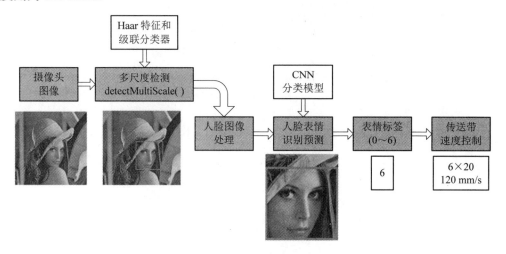

图 4-29　本任务工作流程

1. OpenCV 人脸检测

OpenCV 人脸检测主要包括获取描述人脸特征的文件和在图像中查找人脸两个步骤。

1) 获取描述人脸特征的文件

Haar 特征和级联分类器是一种经典的目标检测算法,用于检测物体在图像中的位置、大小和姿态等参数。在 OpenCV 中,提供了训练好的 Haar 特征和级联分类器 XML 文件,该文件中会描述人体各个部位的 Haar 特征值,如人脸、眼睛、嘴唇等的特征值。

在 OpenCV 安装路径中的\data\haarcascades 目录下,存放了 Haar 特征和级联分类器 XML 文件,文件查找步骤如下:

(1) 打开 Anaconda Prompt。

(2) 输入 conda activate pp_py37 和 pip show opencv-python 两条命令,可获得 opencv-python 的存放路径,如图 4-30(a)所示。打开该路径,在 cv2/data 目录下存放了训练好的 Haar 特征和级联分类器的 XML 文件,如图 4-30(b)所示。

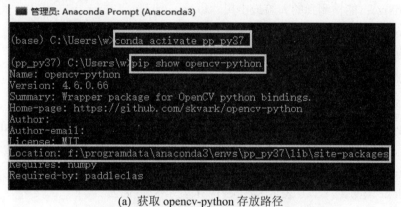

(a) 获取 opencv-python 存放路径

(b) Haar 特征和级联分类器的 XML 文件

图 4-30　获取描述人脸特征的文件

2) 在图像中查找人脸

OpenCV 中的多尺度检测函数 detectMultiScale()可基于物体的特征定位(如 Haar 特征)检测图像中是否包含指定的物体。

检测器以移动窗口形式搜索图像,并在每一个窗口运行特征定位,判断是否存在特定的物体。如果特征定位返回积极的结果,则说明该窗口存在目标物体,算法会保留该窗口位置以及物体在图像中的精确轮廓。

detectMultiScale()函数的各参数说明如下。

(1) image:待检测图片,一般为灰度图像,可加快检测速度。

(2) scaleFactor:搜索窗口的比例系数,每次图像尺寸减小的比例默认为 1.1,即每次缩小 10%。

(3) minNeighbors:默认为 3,即每一个目标至少要被检测到 3 次才算是真的目标。

(4) flags:使用默认值,新版未使用。

(5) minSize:能检测到的人脸最小尺寸。

(6) maxSize:能检测到的人脸最大尺寸。

(7) 返回值:目标对象的矩形框向量组。

2. 传送带控制

1) 电机速度设置函数

电机速度设置函数为 dType.SetEMotor(api, index, isEnabled, speed, isQueued = 0),各参数设置如下。

(1) api:Dobot 库的对象。

(2) index:电机编号,0 表示 Stepper1;1 表示 Stepper2。

(3) isEnabled:开关状态,0 表示关,1 表示开。

(4) speed:运转速度,单位为脉冲数/秒。

(5) isQueued:队列模式使用开关状态,1 表示使用队列模式,0 表示不使用队列模式。

(6) 函数的返回值:如果是队列模式,则返回队列命令索引;如果是立即模式,则返回 0。

2) 求解任意速度 v(mm/s)对应的脉冲速度 v_P(脉冲数/s)

已知 42 步进电机的步距角为 1.8°,联动轴直径为 36 mm。各参数求解如下:

(1) 步进电机转动一周需要的脉冲数:

$$Pulses = \frac{360.0°}{1.8°} = 200$$

(2) 联动轴周长:

$$C = 3.14 \times 36.0 \text{ mm} \approx 113.04 \text{ mm}$$

$$\frac{200}{113.04} = 1.769 \text{ 脉冲数/mm}$$

即传送带每走 1 mm,需要发送的脉冲数为 1.769。

传送带最大运动速度为 120 mm/s，则对应的脉冲速度最大值为

$$v_{pmax} = 120 \text{ mm/s} \times 1.769 \text{ 脉冲数/mm} \approx 212 \text{ 脉冲数/s}$$

(3) 对步进电机进行 10×16 的细分，则任意速度 v(mm/s)对应的脉冲速度 v_p 为 $v_p = v \times$ 1.769 × 10.0 × 16.0 脉冲数/s。

步进电机的脉冲速度范围为 0～212 脉冲数/s。

材料准备

本任务所需材料如表 4-8 所示。

表 4-8　材 料 清 单

序号	材料名称	说　明
1	Dobot 机械臂及吸盘套件	硬件设备
2	红、绿、蓝积木若干	积木尺寸为 25 mm × 25 mm × 25 mm
3	传送带	硬件设备
4	Pycharm	建议使用 2021 及以上版本
5	pp_py37	已配置好的 conda 虚拟环境，包含 Python3.7 以及实验所需的库文件
6	DobotDllType.py，DobotDll.h，DobotDll.dll，msvcp120.dll，msvcr120.dll，Qt5Core.dll，Qt5Network.dll，Qt5SerialPort.dll	Dobot 机械臂动态库
7	DobotControl_block.py	机械臂控制代码
8	face 文件夹	包含人脸识别库、人脸表情识别模型等
9	Dobot-Magician-API-V1.2.3.pdf	Dobot-Magician-API 接口说明

任务实施

本任务主要是搭建环境并基于 AI 人脸表情识别技术控制传送带在不同速度下运动。任务实施步骤包括环境准备、传送带控制和人脸表情识别三步。

1. 环境准备

开始任务前请确保机械臂已经关机、断电；传送带已断电。

环境准备分别进行以下操作：

(1) 将传送带电动机线连接到机械臂底座接口的 Stepper1 端口，如图 4-31(a)所示。

(2) 通过 Pycharm 新建工程 conveyor_emotion，添加 Dobot 机械臂动态库(表 4-8 第 6 项)、机械臂控制代码 DobotControl_block.py(表 4-8 第 7 项)和 face 文件夹(表 4-8 第 8 项)到工程目录中，新建 emotion.py 并添加到工程中，如图 4-31(b)所示。

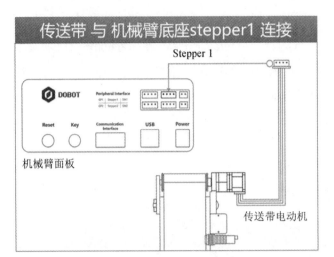

(a) 硬件准备

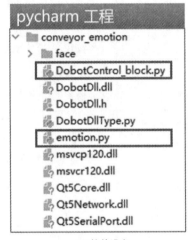

(b) 软件准备

图 4-31　环境准备

2. 传送带控制

在 DobotControl_block.py 文件中，编写传送带控制函数 ARM_Conveyor( )。示例代码如下：

```
def ARM_Conveyor(self,speed_mm):
    #1.1 清空队列
    dType.SetQueuedCmdClear(self.api)


    #Dobot Studio 脚本 Start -----------------------------------------------------------
    #注意：中间不能使用延时函数 dType.dSleep(); 否则指令无法执行


    #1.2 设置电机速度
```

```
vel = speed_mm* 10.0 * 16.0   #10.0 * 16.0 为步进电机细分系数
#SetEMotor(api, index, isEnabled, speed,   isQueued=0):
#index: 0-Stepper1 1-Stepper2
lastIndex = dType.SetEMotor(self.api, 0, 1, int(vel), 1)[0]


#Dobot Studio 脚本 End ------------------------------------------------------------------


#1.3 开始执行指令队列
dType.SetQueuedCmdStartExec(self.api)


#1.4 如果还未完成指令队列则等待
print(f'The Last Index =%d '%lastIndex)
print(f'The Current Index =%d '%dType.GetQueuedCmdCurrentIndex(self.api)[0])
print("Waiting...")
while lastIndex > dType.GetQueuedCmdCurrentIndex(self.api)[0]:
    dType.dSleep(100)
#4.5 停止执行指令
dType.SetQueuedCmdStopExec(self.api)
```

3. 人脸表情识别

在 emotion.py 文件中，编写人脸表情识别和传送带控制代码。示例代码如下：

```
#coding=utf-8
#导入库
import cv2
from tensorflow.keras.models import  load_model
import numpy as np
from PIL import Image, ImageDraw, ImageFont
import DobotControl_block  #机械臂控制库


#人脸检测器(OpenCV)
face_classifier = cv2.CascadeClassifier(
    "face\haarcascades\haarcascade_frontalface_default.xml"
)


#加载表情识别 CNN 模型
emotion_classifier = load_model(
    'face/classifier/emotion_models/simple_CNN.530-0.65.hdf5')
#表情标签
```

```
emotion_labels = {
    0: '生气',
    1: '厌恶',
    2: '恐惧',
    3: '开心',
    4: '难过',
    5: '惊喜',
    6: '平静'
}

'''
[图片上添加中文显示]
    img : 图片
    text: 需要在图片上显示的文本
    left, top: 文本添加位置, 左上角坐标
    textColor: 文本颜色, 默认 (0, 255, 0) BGR:  绿色
    textSize: 文本字号, 默认 20
'''
def cv2ImgAddText(img, text, left, top, textColor=(0, 255, 0), textSize=20):
    #如果是 OpenCV 图片类型
    if (isinstance(img, np.ndarray)):
        #使用 PIL 库进行格式转换 BGR->RGB, ndarry->img
        img = Image.fromarray(cv2.cvtColor(img, cv2.COLOR_BGR2RGB))
    #创建绘制对象
    draw = ImageDraw.Draw(img)
    #设置中文字体
    fontText = ImageFont.truetype(
        "face/font/simsun.ttc", textSize, encoding="utf-8")
    #绘制文字
    draw.text((left, top), text, textColor, font=fontText)
    #返回绘制好的图片 RGB->BGR
    return cv2.cvtColor(np.asarray(img), cv2.COLOR_RGB2BGR)


#主函数
if __name__ == "__main__":
    #传输带速度
    convSpeed_mm = 0

    #1.1: 机械臂控制类实例化
```

```python
myARM = DobotControl_block.ARM_Control()

#1.2: 串口连接机械臂，注意根据电脑连接修改 COM 口
myARM.ARM_Connect("COM7")

#2.1 开启摄像头
cap = cv2.VideoCapture(0)

while True:
    #2.2 读取摄像头图像
    ret, img = cap.read( )
    if ret == False:
        print("no camera image")
        continue

    #2.3  图片处理
    gray = cv2.cvtColor(img, cv2.COLOR_BGR2GRAY) #BGR-> GRAY

    #3.1  检测人脸
    #minSize  需根据人脸距离摄像头的远近进行调节
    faces = face_classifier.detectMultiScale(
        gray, scaleFactor=1.2,
         minNeighbors=3, minSize=(100, 100))
        result_textcolor = (0, 255, 0) #标签文字颜色为 Green

    #4.1  逐个计算每个人脸的图像面积
    faceArea=[ ]
    for (x, y, w, h) in faces:
        faceArea.append(w*h)

    #如果检测到人脸
    if faceArea :
        #4.2  找出面积最大的人脸
        maxFaceArea = np.max(faceArea) #找出面积最大的人脸
        bigFaceIndex = faceArea.index(maxFaceArea) #获取位置索引
        #print(f"bigFaceIndex={bigFaceIndex}")
        #print(type(faces))

        #faces: 被检测物体的矩形框向量组
```

```
#x,y: 左上角坐标，  w,h: 矩形宽和高
(x, y, w, h) = faces[bigFaceIndex]


#4.3  人脸图像处理
#将人脸图像数据变成模型需要的数据类型
gray_face = gray[(y):(y + h), (x):(x + w)]    #从灰度图像，扣取人脸图像
gray_face = cv2.resize(gray_face, (48, 48)) #人脸图像缩小到 48 × 48
gray_face = gray_face / 255.0 #人脸图像数据归一化，每个像素值在 0～1 之间
        #扩展维度，np.expand_dims(a,axis=)
        #即在 a 的相应的 axis 轴上扩展 1 个维度，原来的维度移动到右边
gray_face = np.expand_dims(gray_face, 0)        #原来维度(48,48)-->(1,48,48)
gray_face = np.expand_dims(gray_face, -1)      #(1,48,48)-->(1,48,48,1)


#4.4  识别人脸表情
#识别表情，并获取置信度最大值的标签索引
emotion_label_arg=np.argmax(emotion_classifier.predict(gray_face))
emotion = emotion_labels[emotion_label_arg] #获取表情标签


#4.5  设置传送带速度
convSpeed_mm = (6- emotion_label_arg)*20    #max: 120mm/s


#4.6  绘制人脸框
cv2.rectangle(img, (x + 10, y + 10), (x + h - 10, y + w - 10),
                 (255, 255, 255), 2)
#添加识别结果
img = cv2ImgAddText(img, emotion, x + h * 0.3, y-10, result_textcolor, 20)


#未检测到人脸
else:
    print("no face detected")
    convSpeed_mm = 255    #标识传送带运动


#5  显示结果图像
cv2.imshow('Image', img)
if cv2.waitKey(1) & 0xFF == 27: #ESC
    break


#6  调整传送带速度
if convSpeed_mm != 255:
```

```
myARM.ARM_Conveyor(convSpeed_mm)

#摄像头关闭，释放资源
cap.release( )
cv2.destroyAllWindows( )

#7 与机械臂断开串口连接
myARM.ARM_Disconnect( )
```

任务考核

通过 Pycharm 进行 Python 代码编程的要求如下：
(1) 完善传送带控制函数 ARM_Conveyor( )。
(2) 编写人脸表情识别代码 emotion.py。
按照如下要求提交作业：
(1) 传输带控制函数 ARM_Conveyor( )代码的截图。
(2) 用人脸表情控制传送带运动的视频截图。

拓展阅读　纵使疾风起，人生不言弃

2022 年五四青年节到来之际，诺贝尔文学奖获得者莫言给全国青年朋友们写了一封特别来信《不被大风吹倒》，他在信中回答了一个问题：如果人生遇到艰难时刻，该怎么办？

在信中，莫言给大家讲了这样一个故事：小的时候，我跟爷爷去荒草垫子里割草，归程中天象诡异，一根飞速旋转着的黑色圆柱向我们逼过来，并且伴随着沉闷如雷鸣的呼隆声。我惊问爷爷："那是什么？"爷爷淡淡地说："风，使劲拉车吧，孩子。"风越来越大，我们车上的草被刮扬到天上去，我被风刮倒在地，双手死死地抓住了两丛根系很深的牛筋草，才没有被风刮走。我看到爷爷双手攥着车把，脊背绷得像一张弓，他的双腿在颤抖，小褂子被风撕破，只剩下两个袖子挂在肩上。爷爷与大风对抗着，车子未能前进，但也没有后退半步。大风过去了，爷爷还保持着这个姿势，仿佛一尊雕塑。许久之后，他才慢慢地直起腰。

爷爷与大风对峙的场景，深深印刻在了莫言的脑海里，在他后面的人生中，不论经历多少艰难困苦，只要想到在风中屹立不倒的爷爷，便有了继续下去的勇气。莫言希望通过这个故事可以给青年人带来启发、信心与力量，他勉励大家："一个人可以被生活打败，但不能被他打倒。道阻且长，行则将至。"

人生中的每一次颠簸，每一次抉择，都是生命中偶然刮起的一阵大风。

风起时，漫天黄沙，你也许都睁不开眼；

风劲时，万物飘摇，你也许都站立不住。

但再难，再狼狈，也要屏住一口气，用力撑下去。

就像法国诗人瓦雷里说的那样：纵使疾风起，人生不言弃。

所有的凄风苦雨，再多的雷霆万钧，都需要用强大的心脏去承受。

咬住牙，熬过去，我们终将在狂风暴雨平息后，活成自己的摆渡人。

酸甜苦辣咸——人生百味，就像"有感情"的传送带一样，时而欢快、时而低沉。希望大家始终保持一颗平常心，遇到困难不轻言放弃，努力奋斗，活成自己的摆渡人！

学而时习之

(1) 简述 Dobot 机械臂底座接口的分布。

(2) 光电传感器连接 Dobot 机械臂的哪个接口？

(3) 机械臂末端 R 轴舵机连接 Dobot 机械臂的哪个接口？

(4) 简述 Dobot 机械臂底座指示灯指示的状态。

(5) 简述通过人脸表情更改传送带速度的工作流程。

项 目 5

机械臂智能控制实战——积木识别与抓取

项 目 描 述

本项目通过 OpenCV 编程实现积木的图像识别，分别采用机械臂的吸盘和夹爪两种方式进行积木抓取测试；通过相机标定和坐标变换，进行图像畸变校准，将积木像素坐标转换为机械臂坐标，最终实现机械臂对随机摆放积木的动态抓取。

教 学 目 标

知识目标
- 理解积木图像识别和机械臂抓取的流程。
- 了解 OpenCV 图像处理的基本方法。
- 熟悉机械臂的报警种类和处理方法。
- 理解相机成像原理。
- 理解相机畸变现象及其产生的原因。
- 理解图像处理中涉及的坐标系设置。
- 了解像素坐标、图像坐标、相机坐标之间的转换方法。
- 了解相机内参矩阵和相机外参矩阵的组成。
- 了解像素坐标与世界坐标的转换方法。

技能目标
- 能够根据机械臂报警现象，进行相应的报警清除操作。
- 能够正确拆装吸盘套件和气动夹爪套件。
- 能够将 DobotStudio 图形化编程代码移植到 Python 环境中，并进行代码修改。
- 能够进行相机的标定。

素质目标
- 砌墙一样可以砌出世界冠军。学习"砌墙精神"所代表的肯吃苦、能奋斗和精益求精的工匠精神。

➤ "如切如磋，如琢如磨"，追求卓越，把事情做到极致，你就是冠军！要"立志做有理想、敢担当、能吃苦、肯奋斗的新时代好青年"。

任务 5.1 积木识别

任务要求

通过 OpenCV 编程，对相机采集的图像进行处理，获取相应颜色积木的像素坐标、旋转角度，并在图像中进行标识。

积木识别

知识链接

1. 积木识别抓取的流程

积木识别抓取主要包括积木识别、坐标变换、抓取 3 个部分，如图 5-1 所示。

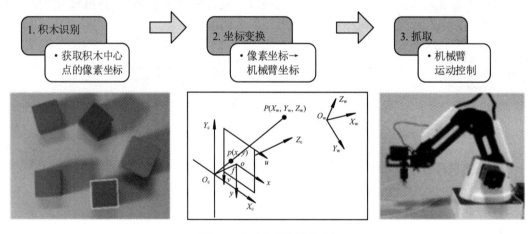

图 5-1　积木识别抓取流程

积木识别抓取的步骤如下：

(1) 积木识别：通过图像识别算法获取积木中心点的像素坐标。

(2) 坐标变换：通过坐标变换公式将像素坐标转换为机械臂坐标。

(3) 抓取：控制机械臂抓取积木。

本任务主要完成第一步，即积木的识别，坐标变换和抓取将在后续任务中逐个完成。

2. 积木图像处理

为识别图像中指定颜色的积木，需要通过 OpenCV 对相机采集的积木原图进行处理，处理步骤包括高斯模糊、RGB 转 HSV、腐蚀、二值化和轮廓标识五个部分，如图 5-2 所示。

(1) 高斯模糊可以减少图像噪声以及降低细节层次。

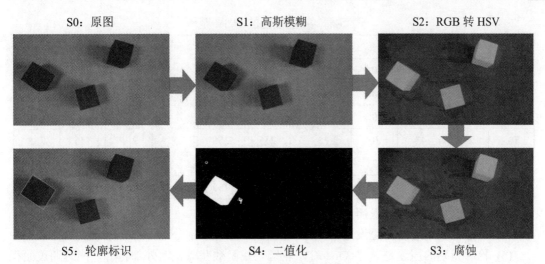

S0：原图   S1：高斯模糊   S2：RGB 转 HSV

S5：轮廓标识   S4：二值化   S3：腐蚀

图 5-2 积木图像处理流程

(2) RGB 转 HSV 可为后续单一颜色的提取做好准备。因为 RGB 颜色空间仅适合于显示系统，HSV 空间则更适合于图像处理，所以需要将图像从 RGB 转换为 HSV。图 5-3 所示为 HSV 空间的角度和维度，标准 HSV 空间的定义如下：

① H (Hue)：色相，表示色彩信息，即所处的光谱颜色的位置，用角度度量，其取值范围为[0°，360°]，红、绿、蓝分别相隔 120°，如图 5-3(a)所示。

② S(Saturation)：饱和度，表示颜色的深度，其取值范围为 0%～100%。

③ V(Value)：色调，表示色彩的明亮程度，其取值范围为 0%～100%。

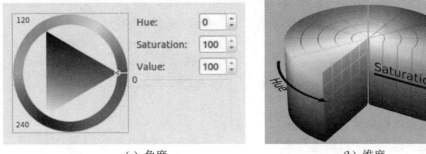

(a) 角度   (b) 维度

图 5-3 HSV 空间

OpenCV 的 HSV 空间与标准 HSV 空间在数值范围上有所区别，可以通过相应的公式进行转换，转换公式如下：

$$H_o = \frac{H}{360} \times 180 \tag{5-1}$$

$$S_o = \frac{S}{100} \times 255 \tag{5-2}$$

$$V_o = \frac{V}{100} \times 255 \tag{5-3}$$

表 5-1 所示为典型颜色的 HSV 范围，其中包括本任务所要识别的红、绿、蓝三种颜色的 HSV 范围。

表 5-1　典型颜色的 HSV 范围

	黑	灰	白	红		橙	黄	绿	青	蓝	紫
H_{min}	0	0	0	0	156	11	26	35	78	100	125
H_{max}	180	180	180	10	180	25	34	77	99	124	155
S_{min}	0	0	0	43		43	43	43	43	43	43
S_{max}	255	43	30	255		255	255	255	255	255	255
V_{min}	0	46	221	46		46	46	46	46	46	46
V_{max}	46	220	255	255		255	255	255	255	255	255

(3) 腐蚀的用途是去除噪声点。

(4) 二值化的用途是通过设定 HSV 阈值范围去除背景部分。

(5) 轮廓识别的用途是通过 OpenCV 轮廓查找函数获取积木外部轮廓，同时通过面积过滤掉干扰点，绘制待识别积木的轮廓，并计算积木中心点坐标。

3. 积木旋转角度计算

在使用机械臂夹爪抓取积木时，不仅需要获取积木的位置，还需要获取积木的旋转角度。通过 OpenCV 的 minAreaRect 函数可获取积木的最小外接矩形信息，包括矩形的中心点坐标(x, y)、宽 w、高 h 和旋转角度 α。在 OpenCV 4.5 版本中，定义 x_1 轴(即经过矩形底部角点且与 x 轴同方向的轴)顺时针旋转最先重合的边为宽 w(在这里，宽 w 和高 h 不是按照长短来定义的)，α 为 x_1 轴顺时针旋转到 w 的角度，α 的取值范围为$(0°, 90°]$，如图 5-4 所示。minAreaRect 函数的使用方法以及返回值的说明如下：

rec = cv2 minAreaRect(cnt)

① rect[0]返回矩形的中心点像素坐标(x,y)。

② rect[1]返回矩形的宽和高(w,h)。

③ rect[2]返回矩形的旋转角度 α。

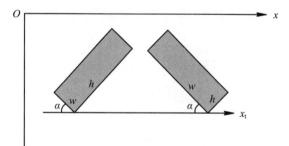

图 5-4　OpenCV 中矩形的旋转角度

夹爪(与 y 轴平等)的旋转角度可以使用宽、高的值来确定。当 $w>h$ 时，夹爪顺时针旋转角度为 α；当 $w \leqslant h$ 时，夹爪顺时针旋转角度为 $90°+\alpha$。图 5-5 所示为两个红色拼接积木在不同姿态下旋转角度的识别结果。

图 5-5　积木的旋转角度

4. 积木中心点坐标计算

图 5-6(a)所示为经过二值化后的图像，可以通过 minAreaRect 函数(见图 5-6 下方第一行代码)获取轮廓的最小外接矩形，通过 boxPoints 函数(见图 5-6 下方第二行代码)获取矩形的 4 个顶点坐标，如图 5-6(b)所示。依据 4 个顶点坐标可计算出积木的中心点坐标。

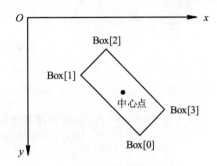

(a) 二值化图像　　　　　　　　　　　　(b) 坐标系中的矩形轮廓

图 5-6　积木中心点坐标计算

```
rect = cv2.minAreaRect(points)    #获取最小外接矩阵
box = cv2.boxPoints(rect)         #获取矩形 4 个顶点坐标，浮点型
```

材料准备

本任务所需材料如表 5-2 所示。

表 5-2　材料清单

序号	材料名称	说　明
1	Dobot 机械臂及吸盘套件	硬件设备
2	红、绿、蓝积木若干	积木尺寸为 25 mm × 25 mm × 25 mm
3	USB 相机	硬件设备
4	Pycharm	建议使用 2021 及以上版本
5	pp_py37	已配置好的 conda 虚拟环境，包含 Python3.7 以及实验所需的库文件
6	VideoStream.py	相机采集图像源代码

任务实施

本任务主要通过 OpenCV 编程，对相机采集的图像进行处理，获取相应颜色积木的像素坐标、旋转角度，并在图像中进行标识。任务实施步骤包括新建工程、创建目录、创建 Python 文件、程序设计四个部分。

1. 新建工程

新建工程的步骤如下：

(1) 在磁盘根目录下新建文件夹 Robot。

(2) 打开 Pycharm，使用 Projects→New Project 命令新建工程，如图 5-7 所示。

图 5-7　新建工程

(3) 如图 5-8 所示，在 New Project 界面输入 Robot 文件夹路径，勾选编译器，单击右下方的 "…" 按钮，进入如图 5-9 所示的 Add Python Interpreter(配置 Python 解释器)界面。

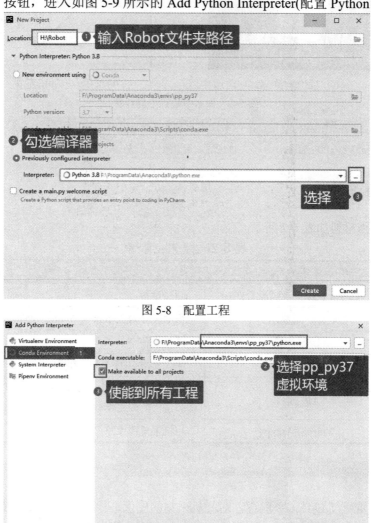

图 5-8　配置工程

图 5-9　配置 Python 解释器

(4) 在 Add Python Interpreter 界面，选择 Conda Environment，在 Python 解释器路径窗口选择 pp_py37 虚拟环境，并勾选 Make available to all projects 选项使能到所有工程，单击

"OK"按钮完成 Python 解释器配置。

(5) 完成上述配置后，在 New Project 界面单击"Create"按钮，即可完成工程创建，如图 5-10 所示。

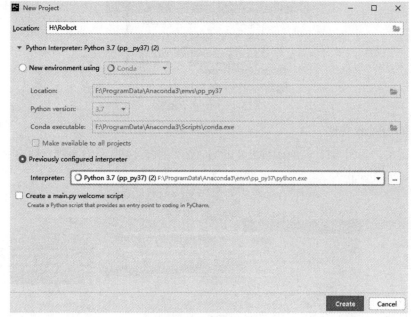

图 5-10　创建工程

2. 创建目录

在 pycharm 中创建目录的步骤如下：

(1) 右键单击 pycharm 左侧工程目录，选择 New→Directory，在弹出窗口中输入目录名称 S1_ColorBlockFinder，如图 5-11 和图 5-12 所示。

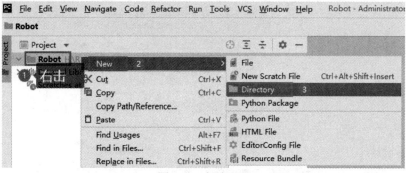

图 5-11　创建目录

New Directory

S1_ColorBlockFinder

图 5-12　输入目录名称

(2) 在目录 S1_ColorBlockFinder 下，创建 3 个子目录 S11_ColorBlock_Finder、S12_

ColorBlock_Suction 和 S13_ColorBlock_Pick，如图 5-13 所示。

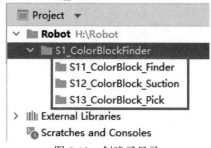

图 5-13　创建子目录

3. 创建 Python 文件

(1) 右键单击目录 S11_ColorBlock_Finder，按照图 5-14 所示的步骤，创建 Python 文件 S11_BlockRecognize.py。

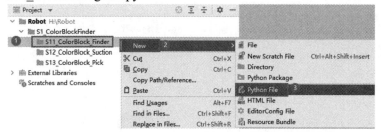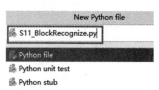

图 5-14　创建 Python 文件

(2) 将摄像头文件 VideoStream.py 拷贝到 S11_ColorBlock_Finder 目录下，拷贝完成后的最终文件结构如图 5-15 所示。

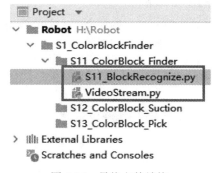

图 5-15　最终文件结构

4. 程序设计

本任务共有两个代码文件，其文件名和功能说明如表 5-3 所示。

表 5-3　代码文件名和功能说明

序号	代码文件名	功 能 说 明
1	VideoStream.py	相机采集图像源代码文件，主要功能为相机参数配置、相机开启、捕获图像等
2	S11_BlockRecognize.py	主要完成摄像头配置、依据颜色识别积木并获取积木中心点像素坐标

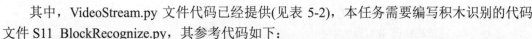

其中，VideoStream.py 文件代码已经提供(见表 5-2)，本任务需要编写积木识别的代码文件 S11_BlockRecognize.py，其参考代码如下：

```python
import numpy as np
import time
import cv2
import VideoStream              #获取摄像头视频流图像


#True: 显示中间每个步骤的处理图像；   False: 仅显示原始图像和最终识别结果图
debug_mode = False              #True


'''
S1  参数定义 ------------------------------------------------------------------
'''
''' 颜色定义 '''
ball_color = 'red'
#ball_color = 'green'
#ball_color = 'blue'


#color_dist 内包含的是颜色在 HSV 模式下的范围
color_dist = {
    'red'   : {'Lower': np.array([0   , 60, 60]), 'Upper': np.array([  6, 255, 255])},#微调：缩小范围
    'green' : {'Lower': np.array([35, 43, 46]), 'Upper': np.array([ 77, 255, 255])},
    'blue'  : {'Lower': np.array([100, 80, 46]), 'Upper': np.array([124, 255, 255])},#微调：缩小范围
}


''' 定义摄像头分辨率 '''
IM_WIDTH   = 1920        #摄像头图像分辨率
IM_HEIGHT = 1080
FRAME_RATE = 30          #帧率
IM_WIDTH_min   = int(IM_WIDTH/2)    #缩小图像大小，用于窗口显示，
IM_HEIGHT_min = int(IM_HEIGHT/2)


'''
S2  摄像头配置与开启 ----------------------------------------------------------------
'''
'''
初始化摄像头对象和摄像头视频
    视频采集是一个独立运行的线程(具体见 VideoStream.py)
    输入参数：
```

(IM_WIDTH,IM_HEIGHT) 图像的宽、高

FRAME_RATE 帧率

PiOrUSB: 1: 树莓派摄像头; 2: USB 摄像头,

src: 默认为 0; 如果电脑有 2 个摄像头,可尝试更改为 1

'''

```
videostream = VideoStream.VideoStream((IM_WIDTH,IM_HEIGHT),FRAME_RATE,2,0).start()


#延时 1s,等待摄像头启动
time.sleep(1) #Give the camera time to warm up


'''
S3 找到积木,获取中心点坐标 --------------------------------------------------------------
'''
'''

    返回: ret: 是否找到积木
        blockPixel: 积木的 x,y 像素坐标
        block_angle: 积木旋转角度 0~180°,逆时针为正方向
        frame: 处理后的图像(添加了积木标识)
'''


def FindBlockPixelLocation(frame):
    blockPixel   = [0, 0]   #x,y
    block_angle = 0
    global IM_HEIGHT_min,IM_WIDTH_min
    '''
    S1 图像处理 -----------------------------------------------------------------
    '''
    #原始图像
    if debug_mode:
        frame_min = cv2.resize(frame, (IM_WIDTH_min, IM_HEIGHT_min) )
        cv2.imshow('S0_raw', frame_min)
    #cv2.waitKey(1)
    '''
    S1.1 第一步,高斯模糊
        将原图像进行模糊处理,方便颜色的提取
        参数一: frame 需要高斯模糊的图像
        参数二: (5, 5)高斯矩阵的长与宽都是 5
        参数三: 0 标准差是 0
    '''
```

gs_frame = cv2.GaussianBlur(frame, (5, 5), 0)　#高斯模糊

if debug_mode:

　　frame_min = cv2.resize(gs_frame, (IM_WIDTH_min, IM_HEIGHT_min))

　　cv2.imshow('S1_GaussianBlur', frame_min)

'''

S1.2　第二步，BGR 转换为 HSV

　　颜色模式从 BGR 转换为 HSV，这种模式更加方便单一颜色的提取

　　参数一：gs_frame 原图像

　　参数二：cv2.COLOR_BGR2HSV 颜色转换方式，从 BGR to HSV

'''

hsv = cv2.cvtColor(gs_frame, cv2.COLOR_BGR2HSV)　#转化成 HSV 图像

if debug_mode:

　　frame_min = cv2.resize(hsv, (IM_WIDTH_min, IM_HEIGHT_min))

　　cv2.imshow('S2_HSV', frame_min)

'''

S1.3　第三步，腐蚀

　　通俗来说，就是将图像变瘦，用于去除噪声点

　　参数一：hsv 原图像

　　参数二：定义腐蚀操作时使用的结构元素，此处为 None

　　参数三：iterations=2 腐蚀的宽度

'''

erode_hsv = cv2.erode(hsv, None, iterations=2)　#腐蚀，粗的变细

if debug_mode:

　　frame_min = cv2.resize(erode_hsv, (IM_WIDTH_min, IM_HEIGHT_min))

　　cv2.imshow('S3_erode_hsv', frame_min)

'''

S1.4　第四步，去除背景部分

　　将红色以外的其他部分去除掉，并将图像转化为二值化图像

　　参数一：erode_hsv 原图像

　　参数二：color_dist[ball_color]['Lower']颜色的下限

　　参数三：color_dist[ball_color]['Upper']颜色的上限

'''

inRange_hsv = cv2.inRange(erode_hsv, color_dist[ball_color]['Lower'], color_dist[ball_color]['Upper'])

if debug_mode:

　　frame_min = cv2.resize(inRange_hsv, (IM_WIDTH_min, IM_HEIGHT_min))

　　cv2.imshow('S4_inRange_hsv', frame_min)

'''

S2　绘制矩形边框--

'''

'''

S2.1 第一步，找出外边界

使用该函数找出方框外边界，并存储在 cnts 中

  CV_RETR_EXTERNAL：只检测最外围轮廓，包含在外围轮廓内的内围轮廓被忽略

  CV_CHAIN_APPROX_SIMPLE：仅保存轮廓的拐点信息，

                                 把所有轮廓拐点处的点保存入 cnts 向量内，

                                 拐点与拐点之间直线段上的信息点不予保留

'''

```
cnts = cv2.findContours(inRange_hsv.copy(), cv2.RETR_EXTERNAL,
cv2.CHAIN_APPROX_SIMPLE)[-2]
```

'''

S2.2 第二步，找出矩形

                在边界中找出面积最大的区域，选定该区域为方块所在区域，

                并绘制出该区域的最小外接矩形，记录该矩形的位置坐标

'''

```
#如果没有找到矩形区域，就返回
if len(cnts) == 0:
    return False,blockPixel,block_angle,frame
c = max(cnts, key=cv2.contourArea)    #在边界中找出面积最大的区域
#过滤掉小面积的干扰
c_area = cv2.contourArea(c)
print("轮廓面积： ", c_area)
if c_area < 15000:
    print("轮廓面积太小")
    return False, blockPixel, block_angle, frame
rect = cv2.minAreaRect(c)    #绘制出该区域的最小外接矩形,中心点坐标，宽高，旋转角度
```

'''

    rect[0]返回矩形的中心点(x,y)，实际上为 y 行 x 列的像素点

    rect[1]返回矩形的长和宽，顺序一定不要弄错了，在旋转角度上有很重要的作用

    rect[2]返回矩形的旋转角度,angel 是由 x 轴逆时针转至 w(宽)的角度。角度范围是[−90,0)

'''

```
box = cv2.boxPoints(rect)        #该矩形四个点的位置坐标
print(f"box={box}")
print(f"center={rect[0]}")    #中心点
img_width,img_height = rect[1] #矩形的 height 和 width
print(f"img_width={img_width},img_height={img_height}")
```

'''

    S2.3 获取 矩形中心点位置

```
'''
blockPixel[0] = rect[0][0]    #x

blockPixel[1] = rect[0][1]    #y

''' S2.4 获取积木旋转角度，计算出气爪抓取角度    '''
#angel:由 x 轴逆时针转至 w(宽)的角度。角度范围(0,90]
#区分方向: 可以使用宽、高的值来确定
#w > h: x 轴逆时针方向旋转角度(0, 90]
if rect[1][0] > rect[1][1]:
    block_angle = int(rect[2])
#w<=h;    x 轴逆时针方向旋转角度(90, 180]
else:
    block_angle = (90+ int(rect[2]))
print(f"block_angle={block_angle}")
'''
```

S2.5　第三步，绘制矩形

在原图像上将分析出的矩形边界绘制出来

参数一：frame 目标图像

参数二：[np.int0(box)]轮廓本身，在 Python 中是一个 list

numpy.int0 即 numpy.int64，此处用于在 OpenCV 问题中将边界框浮点值

转换为 int.

参数三：-1 指定绘制轮廓 list 中的哪条轮廓，如果是 -1，则绘制其中的所有轮廓。

参数四：(0, 255, 255)轮廓颜色 BGR

参数五：2 廓线的宽度

```
'''
cv2.drawContours(frame, [np.int0(box)], -1, (0, 255, 255), 2)
#添加旋转角度
#各参数依次是：图片，添加的文字，左上角坐标(这里取积木的最下面角坐标，并取整数)
cv2.putText(frame, str( block_angle ),( np.int0(box[3][0]) ,np.int0(box[3][1])+20 ) ,
            cv2.FONT_HERSHEY_SIMPLEX, 1, (0,255,0), 2) #字体，字体大小，颜色，
                                                        字体粗细

    return True, blockPixel,block_angle,frame
'''
```

S3　机械臂吸取积木 --

注意: 按下空格才能退出

```
'''
def PickBlock(myARM):
    while True:
        ''' S3.1 从摄像头获取图像 '''
        frame_raw = videostream.read()
```

```
''' S3.2  图像翻转 '''
frame = cv2.flip(frame_raw, -1)
# 0 表示绕 x 轴正直翻转，即垂直镜像翻转；
# 1 表示绕 y 轴翻转，即水平镜像翻转
# -1 表示绕 x 轴、y 轴两个轴翻转，即对角镜像翻转
# 如果有图像
if frame is not None:
    ''' S3.3  识别积木，获取中心点坐标、旋转角度，处理后的图像 '''
    ret,blockPixel,block_angle,frame_ret = FindBlockPixelLocation(frame)
    print("result: ")
    print(    ret,blockPixel,block_angle )
    # 识别到积木
    if ret:
        ''' S3.4  显示图像 '''
        frame_ret_resize = cv2.resize(frame_ret,(IM_WIDTH_min,IM_HEIGHT_min) )
        cv2.imshow('result', frame_ret_resize)
        '''如果按下空格键就退出'''
        if cv2.waitKey(1) & 0xFF == ord(' '):
            print("exit -------------------")
            break
    else:
        print("无画面")
        break
# 关闭所有窗口和摄像头视频
cv2.destroyAllWindows( )
videostream.stop()
if __name__ == "__main__":
    PickBlock(None)
```

任务考核

通过 Pycharm 进行 Python 编程，在工程中添加相机采集图像源代码文件 VideoStream.py 并编写文件 S11_BlockRecognize.py 的代码，实现不同颜色积木的识别。

在摄像头图像区域内，随机放置 4 个以上不同颜色的积木，实现如下功能：

(1) 实现蓝色积木识别，并通过蓝色字体显示角度值。

(2) 实现绿色积木识别，并通过绿色字体显示角度值。

按照如下要求提交作业：

(1) Python 代码截图。

(2) 视频识别结果截图，要求在图中框出积木位置并显示积木旋转角度。

任务 5.2　积木定位吸取

任务要求

积木定位吸取

在任务 5.1 中，学习了如何通过 OpenCV 对图像进行处理，获取相应颜色积木的位置信息；在任务 3.3 中，通过 Python 编程方式实现了积木的搬运功能。

本任务将对这两个任务进行融合，实现积木的定位吸取功能，即通过积木识别获取要抓取积木的位置信息，向机械臂发送信号，触发机械臂到指定位置吸取积木并搬运到指定位置，如图 5-16 所示。

图 5-16　积木识别触发机械臂吸取积木

知识链接

1. Dobot 机械臂的报警分类

Dobot 机械臂的报警分为 6 类，分别是公共报警、规划报警、运动报警、超速报警、限位报警和丢步报警，如表 5-4 所示。其中，2、3、5、6 报警为常见报警，需要给予重视。

表 5-4　Dobot 机械臂报警分类

序号	类别	说　　明
1	公共报警	复位、角度传感器读取错误等
2	规划报警	规划过程中计算错误等
3	运动报警	运动过程中计算错误、限位等
4	超速报警	各关节运动超速报警
5	限位报警	各关节限位报警
6	丢步报警	运动过程中受到碰撞，发出咯吱咯吱声响

2. 机械臂报警的处理方法

针对各种报警的相应的处理方法如下：

1) 公共报警

公共报警的报警类型有五种，对应的报警清除方法有三种，如表5-5所示。

表5-5 公共报警的清除方法

类别	报警类型	报警清除方法
公共报警	复位报警	协议指令清除
	未定义指令	
	文件系统错误	按下复位按键Reset
	MCU与FPGA通信失败	
	角度传感器读取错误	重新上电

在表5-5中的三种报警清除方法中，"按下复位按键Reset"是指通过按下机械臂底座背部的接口面板上的Reset按钮(见图5-17)进行的报警清除；"重新上电"是指通过按下底座上部面板的关机按钮或者拔下机械臂底座背部接口面板上的Power连接器(见图5-17)进行的报警清除；"协议指令清除"则是指通过相关函数来进行的报警信息清除。

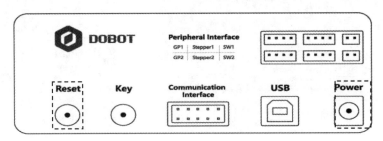

图5-17 机械臂底座背部的接口面板

2) 规划报警、运动报警和超速报警

规划报警、运动报警和超速报警都可以通过双击报警信息或者直接发送协议指令来清除。

(1) 双击报警信息清除报警。

如图5-18所示，如果在DobotStudio窗口上方工具栏中出现红色报警，可双击该红色文字，在弹出的警示日志窗口(见图5-19)中，单击"清除警报"按钮，则工具栏中的红色报警信息被清除。

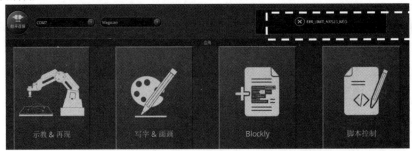

图5-18 DobotStudio窗口上方工具栏中的报警提示窗口

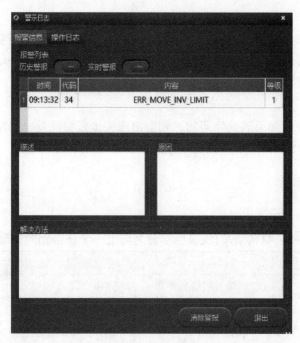

图 5-19　警示日志窗口

(2) 直接发送协议指令清除报警。

通过 GetAlarmsState 函数可获取系统报警状态，如表 5-6 所示为该函数的说明。

表 5-6　获取系统报警状态的函数说明

名称	参 数 说 明
原型	int GetAlarmsState(uint8_t *alarmsState, uint32_t *len, uint32_t maxLen)
描述	获取系统报警状态
参数	alarmsState：数组首地址。每一个字节可以标识 8 个报警项的报警状态，且 MSB(Most Significant Bit)在高位，LSB(Least Significant Bit)在低位。 len：报警所占字节。 maxLen：数组最大长度，以避免溢出
返回	DobotCommunicate_NoError：指令正常返回。 DobotCommunicate_Timeout：指令无返回，导致超时

通过 ClearAllAlarmsState 函数可清除系统所有报警，如表 5-7 所示为该函数的说明。

表 5-7　清除所有报警的函数说明

名称	参 数 说 明
原型	int ClearAllAlarmsState(void)
描述	清除系统所有报警
参数	无
返回	DobotCommunicate_NoError：指令正常返回。 DobotCommunicate_Timeout：指令无返回，导致超时

3）限位报警

如果机械臂关节角度超出范围，则会触发限位报警。一般限位报警出现在开机时或者发送关节指令后，可以通过按住机械臂小臂上的的"解锁"按钮，手动调整机械臂姿态直至底座红色指示灯变为绿色，即可解除报警。

4）丢步报警

机械臂运动过程中如果遇到障碍物，则会出现丢步报警，发出咯吱咯吱声响，此时应先按下 DobotStudio 中的"急停"按钮，然后重新进行归零操作。

材料准备

本任务所需材料如表 5-8 所示。

表 5-8　材料清单(浅灰色部分为与上一个任务相同的部分)

序号	材料名称	说　明
1	Dobot 机械臂及吸盘套件	硬件设备
2	红、绿、蓝积木若干	积木尺寸为 25 mm × 25 mm × 25 mm
3	USB 相机	硬件设备
4	Pycharm	建议使用 2021 及以上版本
5	pp_py37	已配置好的 conda 虚拟环境，包含 Python3.7 以及实验所需的库文件
6	VideoStream.py	相机采集图像源代码
7	DobotDllType.py，DobotDll.h，DobotDll.dll，msvcp120.dll，msvcr120.dll，Qt5Core.dll，Qt5Network.dll，Qt5SerialPort.dll	Dobot 机械臂动态库
8	DobotControl_block.py	源自任务 3.3 中的积木搬运代码
9	S11_BlockRecognize.py	源自任务 5.1 中的积木识别代码

任务实施

本任务主要是通过积木识别来获取积木的位置信息，向机械臂发送信号，触发机械臂到指定位置吸取积木并搬运到指定位置。任务实施步骤包括构建项目文件、机械臂定位吸取积木、积木识别和定位吸取三个部分。

1. 构建项目文件

项目文件包括表 5-8 中 6～9。其中，要将 S11_BlockRecognize.py 重命名为 S12_ColorBlock_Suction.py。

2. 机械臂定位吸取积木

机械臂定位吸取积木分两步完成，首先根据机械臂定位吸取积木的逻辑，进行 Blockly 图形化编程，然后再转换为 python 代码，具体步骤如下：

1) Blockly 图形化编程

通过 DobotStudio 的 Blockly 模块进行积木搬运编程，获取待抓取积木的 X、Y、Z 坐标，并设置为起始坐标 SX、SY、SZ，同时设定目标坐标 DX、DY、DZ 和机械臂初始位置坐标，如图 5-20 所示，其中，以初始位置坐标 $X = 220$，$Y = 0$，$Z = 120$ 为示例，实际中需做相应的修改。

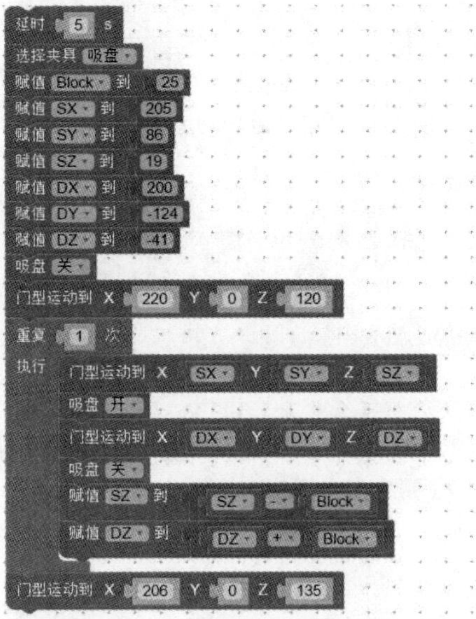

图 5-20　积木搬运图形化编程

2) 将图形化编程代码转换为 Python 代码

参照任务 3.3，将 Blockly 图形化编程代码转化为 Python 代码，填写到 DobotControl_block.py 相应区域(见图 5-21 中虚线框区域)，并进行代码修改。

```
# 机械臂动作控制
def ARM_Action(self):
    #3.1 清空队列
    #Clean Command Queued
    dType.SetQueuedCmdClear(self.api)
    print("S1")
    '''
    需要修改的地方：
    1. 去掉指令后的 Ex 后缀，目前的版本不支持 带Ex后缀的指令
    2. 末端执行器函数，需要在括号里面添加最后一项参数，"isQueued=1"，如果不写，默认是 isQueued=0
       因为所有的指令都是队列模式，即：命令加入队列后逐个执行，末端执行器的指令 也需加入队列
    3. 在最后一项指令前面，添加 "lastIndex="
                      末尾，添加 "[0]"
       获取最后一条指令的执行索引，为后面等待时长设置依据
    '''
#Dobot Studio 脚本 Start ----------------------------------------


    # lastIndex: 最后一条指令的 index。
    # 获取命令在指令队列的索引
#Dobot Studio 脚本 End ------------------------------------------
```

图 5-21　完善文件 DobotControl_block.py 的代码

3. 积木识别和定位吸取

本部分需要修改并完善积木识别与定位吸取的代码文件 S12_BlockRecognize_ArmSuction.py。

1) 导入库文件

需要导入的库文件包括 numpy、time、OpenCV 库，以及自定义的摄像头视频流图像获取库 VideoStream 和机械臂控制库 DobotControl_block，导入代码如下：

```
import numpy as np
import time
import cv2
import VideoStream              #获取摄像头视频流图像
import DobotControl_block       #机械臂控制库
```

2) 选择要识别的积木颜色

选择要识别的积木颜色(以红色为例)的代码如下：

```
''' 颜色定义 '''
ball_color = 'red'          #'blue' #'green'
```

3) 添加机械臂动作函数

机械臂动作函数 PickBlock 可实现摄像头图像获取、相应颜色积木的识别、积木中心点坐标和旋转角度计算、机械臂定位抓取积木等功能。

机械臂动作函数 PickBlock 的示例代码如下：

```
'''
机械臂吸取积木
注意: 按下空格，才能退出
'''
def PickBlock(myARM):
    while True:
        ''' S1 从摄像头获取图像 '''
        frame_raw = videostream.read( )

        ''' S2 图像翻转 '''
        frame = cv2.flip(frame_raw, -1)
        # 0 表示绕 x 轴正直翻转，即垂直镜像翻转
        # 1 表示绕 y 轴翻转，即水平镜像翻转
        # -1 表示绕 x 轴、y 轴两个轴翻转，即对角镜像翻转

        #如果有图像
        if frame is not None:
            ''' S3 识别积木，获取中心点坐标、旋转角度、处理后的图像 '''
            ret,blockPixel,block_angle,frame_ret = FindBlockPixelLocation(frame)
            #识别到积木
            if ret:
                ''' S4 显示图像 '''
                frame_ret_resize = cv2.resize(frame_ret,(IM_WIDTH_min,IM_HEIGHT_min) )
```

```
            cv2.imshow('result', frame_ret_resize)
            '''如果按下空格键，就退出'''
            if cv2.waitKey(1) & 0xFF == ord(' '):
                print("exit -------------------")
                break
            #S5  机械臂抓取  Start -----------------------------------------
            #机械臂 R 轴，旋转角度
            pick_angle = block_angle
            myARM.ARM_Action( ) #机械臂动作
            #S5  机械臂抓取  End -----------------------------------------
        else:
            print("无画面")
            break
    #关闭所有窗口和摄像头视频
    cv2.destroyAllWindows( )
    videostream.stop( )
```

4) 修改主函数

修改主函数是指在主函数中添加机械臂控制与积木识别函数。注意：机械臂连接串口号需根据实际情况修改。

```
if __name__ == "__main__":
    #S1: 机械臂控制类实例化
    myARM = DobotControl_block.ARM_Control()

    #S2: 串口连接机械臂
    myARM.ARM_Connect("COM7")

    #S3: 识别积木，抓取积木
    PickBlock(myARM)

    #S4: 与机械臂断开串口连接
    myARM.ARM_Disconnect( )
```

任务考核

以任务 5.1 为基础，修改 DobotControl_block.py 和 S12_BlockRecognize_ArmSuction.py 文件的代码，进行积木识别并触发机械臂抓取，实现搬运积木，要求如下：

(1) 实现蓝色积木识别，并用机械臂吸盘定位吸取。

(2) 实现绿色积木识别，并用机械臂吸盘定位吸取。

按照如下要求提交作业：

(1) Python 代码的截图。

(2) 机械臂吸取积木的视频。

任务 5.3 积木定位夹取

任务要求

以任务 5.2 为基础，将机械臂末端夹具更换为夹爪；通过图像识别获取积木旋转角度，控制机械臂旋转末端夹爪来实现夹取积木功能。

积木定位夹取

知识链接

参照任务 5.2 的知识链接内容。

材料准备

本任务所需材料如表 5-9 所示。

表 5-9 材料清单

序号	材料名称	说　明
1	Dobot 机械臂及气动夹爪套件	硬件设备
2	红、绿、蓝积木若干	积木尺寸为 25 mm × 25 mm × 25 mm
3	USB 相机	硬件设备
4	Pycharm	建议使用 2021 及以上版本
5	pp_py37	已配置好的 conda 虚拟环境，包含 Python3.7 以及实验所需的库文件
6	VideoStream.py	相机采集图像源代码
7	DobotDllType.py，DobotDll.h，DobotDll.dll，msvcp120.dll，msvcr120.dll，Qt5Core.dll，Qt5Network.dll，Qt5SerialPort.dll	Dobot 机械臂动态库
8	DobotControl_block.py	源自任务 3.3 中的积木搬运代码
9	S12_BlockRecognize_ArmSuction.py	源自任务 5.2 中的 S11_BlockRecognize.py 文件

说明：表格浅灰色部分为与上一个任务相同的部分。

任务实施

本任务主要包括机械臂与相机相对位置设置、机械臂回零点设置、末端执行器更换、末端角度获取、程序设计五个部分。

1. 机械臂与相机相对位置设置

为实现从相机视野下积木旋转角度到机械臂夹爪旋转角度的转换，需要设置机械臂与相机的相对位置。Dobot 机械臂底座角度活动范围为[-90°，+90°]，为实现在最大范围内夹取积木，调整机械臂底座旋转轴角度 $J_1 = 0°$，并设置相机底座和镜头与机械臂大臂位于一条直线上，如图 5-22 所示。

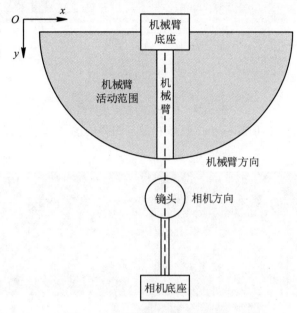

图 5-22　机械臂与相机相对位置

2. 机械臂回零点设置

机械臂回零点设置的目的有两个，一是确保机械臂在回零点位置不遮挡相机视野，不影响积木的图像识别；二是设置末端 R 轴为 0，为夹取做准备。

(1) 打开 DobotStudio，连接机械臂，单击应用区"示教&再现"模块按钮进入示教&再现窗口。

(2) 按住机械臂小臂的"解锁"按钮，手动调整机械臂方向，使之与相机方向垂直，如图 5-23 所示。

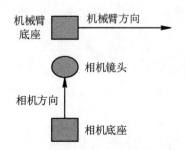

图 5-23　机械臂方向与相机方向垂直

将机械臂方向与相机方向调成垂直是为了不影响相机视野。在实际操作中，可将机械臂回零点设置高一点，防止回零中碰撞附近物体而导致丢步。

(3) 在 DobotStudio 的示教&再现窗口中双击 X、Y、Z 坐标的数值可做微调，去掉小数位，设置 R 轴角度为 0°，如图 5-24 所示。

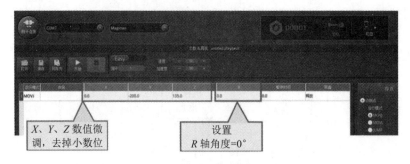

图 5-24　机械臂回零点坐标微调

(4) 在 X、Y、Z 坐标所在行单击鼠标右键，在弹出的菜单中选择"设置为回零位置"，如图 5-25 所示。

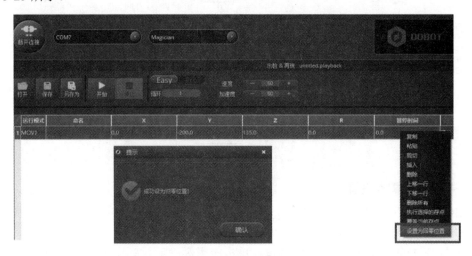

图 5-25　机械臂回零点设置

(5) 单击 DobotStudio 界面右上角的"归零"按钮，核实回零点是否设置成功，如归零失败，则按机械臂底座后面的 Reset 复位键，重复上述操作，如图 5-26 所示。

图 5-26　DobotStudio 的"归零"按钮

3. 末端执行器更换

本任务需要对末端执行器进行更换，即将气动吸盘更换为气动夹爪，具体操作步骤如下：

(1) 将机械臂关机，拔掉小臂 GP3 的连接线，如图 5-27(a)所示。

(2) 将连接器的螺母拧松，拔出末端设备，如图 5-27(b)所示。

(3) 通过 1.5 mm 内六角扳手拧松 2 个顶丝并拔下吸盘和固定轴，如图 5-27(c)所示。

(4) 用 2.5 mm 内六角扳手将夹爪套件安装在舵机上,如图 5-27(d)所示。

(5) 连接夹爪和气泵,包括将机械臂末端的 GP3 端子插入到机械臂小臂 GP3 端口、将气泵盒的 GP1 和 SW1 端子分别插入机械臂底座相应端口,如图 5-27(e)所示。

注意 安装时要调整末端夹爪姿态,使之上部的舵机保持水平。

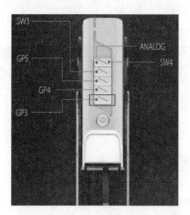

(a) 拔掉 GP3 的连接线

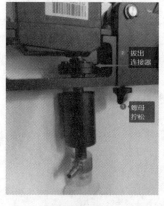

(b) 螺母拧松并拔出末端设备

(c) 拧松 2 个顶丝并拔下吸盘和固定轴

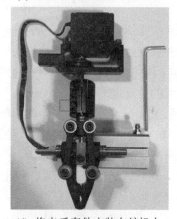

(d) 将夹爪套件安装在舵机上

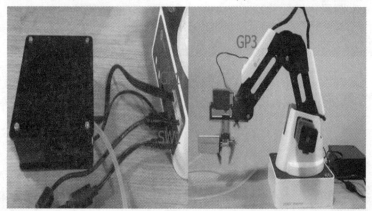

(e) 连接夹爪和气泵

图 5-27 机械臂吸盘更换为夹爪

4. 末端角度获取

机械臂的坐标系可分为关节坐标系和笛卡尔坐标系两种，在笛卡尔坐标系下：

$$机械臂末端角度 R = J_1 轴角度 + J_4 轴角度 \qquad (5\text{-}3)$$

如图 5-28 所示，末端姿态角度 R 的计算公式，可以使用 Blockly 图形化编程验证。在程序中设置末端角度值 R 为 10，读取 J_1 和 J_4 的角度值，通过观察右侧运行日志窗口可知，J_1 为 0.3878，J_4 为 9.6122，即：J_1 轴角度 + J_4 轴角度 = 机械臂末端角度 R。

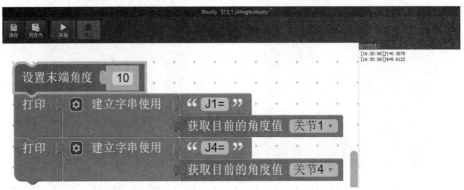

图 5-28　末端姿态角度计算公式验证

为实现积木图像识别角度 PickAngle 到机械臂夹爪旋转角度(即笛卡尔坐标系下末端角度 R)的转换，在"1. 机械臂与相机相对位置设置"中设置了机械臂与相机的相对位置，但是，在实际工作中仍然会存在角度位置偏差。下面通过 DobotStudio 的 Blockly 图形化编程，计算出相应的角度偏差 AngleInterval，具体步骤如下：

(1) 通过 DobotStudio 右侧操作面板，调整机械臂关节 J_1 轴角度 = 0°。

(2) 调整机械臂关节 J_4 轴角度，使得夹爪的气缸与机械臂 X 轴平行，此时的 J_4 轴角度即为微调角度 AngleInterval。

注意　这个角度是由于机械臂和相机的位置误差引入的，每个机械臂各不相同！

机械臂末端角度 R 与积木图像识别角度 PickAngle 的关系式如下：

$$机械臂末端角度 R = 积木图像识别夹取角度 PickAngle + 微调角度 AngleInterval \qquad (5\text{-}4)$$

通过 Blockly 图形化编程验证式(5-4)的代码如图 5-29 左侧所示。

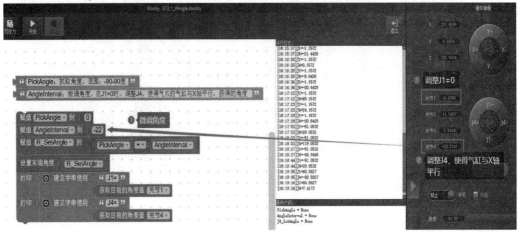

图 5-29　末端角度 R 的计算公式验证

5. 程序设计

1) 图形化编程

通过 DobotStudio 的 Blockly 进行机械臂控制的图形化编程，实现机械臂运动控制和夹爪角度旋转控制，示例代码如图 5-30 所示。

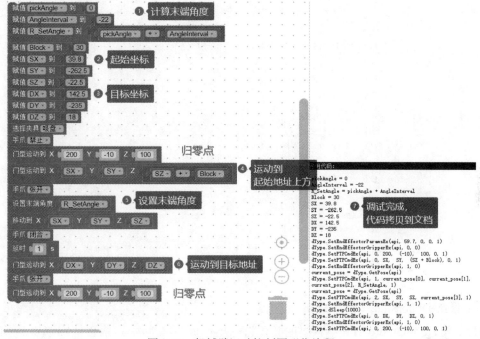

图 5-30　机械臂运动控制图形化编程

在图形化编程的代码调试完成后，将对应的脚本代码拷贝到文档，为后面的代码融合做准备。

2) 将脚本代码拷贝到文件 DobotControl_block.py

将图 5-30 中机械臂运动控制图形化编程中的 blockly 图形化编程代码对应的脚本代码拷贝到文件 DobotControl_block.py 中的函数 ARM_Action 的相应位置，注意代码需要进行缩进，如图 5-31 所示。

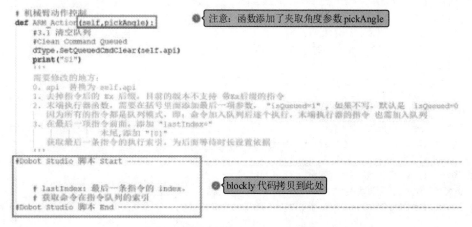

图 5-31　函数 ARM_Action 修改

3) 添加夹取角度参数 pickAngle

如图 5-31 所示，在函数 ARM_Action 的入口参数中增加了夹取角度参数 pickAngle(通过图像识别获取的积木旋转角度)，则原来的夹取角度参数 pickAngle 部分要注销掉，使得 pickAngle 的值可以由 ARM_Action 的调用函数进行设置，如图 5-32 所示。

```
#Dobot Studio 脚本 Start --------------------
    #pickAngle = None        注销掉
    AngleInterval = None
    R_SetAngle = None
    Block = None
    SX = None
    SY = None
    SZ = None
    DX = None
    DY = None
    DZ = None

    #pickAngle = 0          注销掉
    AngleInterval = -22
    R_SetAngle = pickAngle + AngleInterval
    Block = 30
```

图 5-32 夹取角度参数 pickAngle

4) 修改 DobotStudio 脚本代码

为了使 DobotStudio 的脚本代码能够在当前 Python 环境下运行，需对代码做如下修改：

(1) 将代码中的所有 api 替换为 self.api，因为 api 是类的一个成员，如图 5-33 所示。

(2) 去掉指令后的 Ex 后缀，目前的版本不支持带 Ex 后缀的指令，如图 5-34 所示。

(3) 在末端执行器函数中添加参数 isQueued=1，即所有的指令都是队列模式，命令加入队列后逐个执行，如图 5-35 所示。

(4) 首先注释掉 GetPose 相关语句(此处用不到这些语句)，然后在最后一项指令前添加语句，获取最后一条指令的执行索引，为后面等待时长设置依据，如图 5-36 所示。

```
dType.SetEndEffectorParamsEx(api, 59.7, 0, 0, 1)
dType.SetEndEffectorGripperEx(api, 0, 0)
dType.SetPTPCmdEx(api, 0, 200, (-10), 100, 0, 1)
dType.SetPTPCmdEx(api, 0, SX, SY, (SZ + Block), 0, 1)
dType.SetEndEffectorGripperEx(api, 1, 0)
current_pose = dType.GetPose(api)
dType.SetPTPCmdEx(api, 1, current_pose[0], current_pose[1],
current_pose = dType.GetPose(api)
dType.SetPTPCmdEx(api, 2, SX, SY, SZ, current_pose[3], 1)
dType.SetEndEffectorGripperEx(api, 1, 1)
dType.dSleep(1000)
dType.SetPTPCmdEx(api, 0, DX, DY, DZ, 0, 1)
dType.SetEndEffectorGripperEx(api, 1, 0)
dType.SetPTPCmdEx(api, 0, 200, (-10), 100, 0, 1)
```

图 5-33 将 api 替换为 self.api

```
dType.SetEndEffectorParamsEx(api, 59.7, 0, 0, 1)
dType.SetEndEffectorGripperEx(api, 0, 0)
dType.SetPTPCmdEx(api, 0, 200,  (-10),  100, 0, 1)
dType.SetPTPCmdEx(api, 0, SX,  SY,  (SZ + Block), 0, 1)
dType.SetEndEffectorGripperEx(api, 1, 0)
current_pose = dType.GetPose(api)
dType.SetPTPCmdEx(api, 1, current_pose[0], current_pose[1],
current_pose = dType.GetPose(api)
dType.SetPTPCmdEx(api, 2, SX,  SY,  SZ, current_pose[3], 1)
dType.SetEndEffectorGripperEx(api, 1, 1)
dType.dSleep(1000)
dType.SetPTPCmdEx(api, 0, DX,  DY,  DZ, 0, 1)
dType.SetEndEffectorGripperEx(api, 1, 0)
dType.SetPTPCmdEx(api, 0, 200,  (-10),  100, 0, 1)
```

图 5-34　去掉指令后的 Ex 后缀

```
dType.SetEndEffectorParams(self.api, 59.7, 0, 0, 1)
dType.SetEndEffectorGripper(self.api, 0, 0, 1)
dType.SetPTPCmd(self.api, 0, SX,  SY,  (SZ + Block), R_SetAng
dType.SetEndEffectorGripper(self.api, 1, 0, 1)
current_pose = dType.GetPose(self.api)
dType.SetPTPCmd(self.api, 1, current_pose[0], current_pose[1]
dType.SetPTPCmd(self.api, 0, SX,  SY,  SZ, R_SetAngle, 1)
current_pose = dType.GetPose(self.api)
dType.SetPTPCmd(self.api, 1, current_pose[0], current_pose[1]
dType.SetEndEffectorGripper(self.api, 1, 1, 1)
dType.SetPTPCmd(self.api, 0, DX,  DY,  DZ, 0, 1)
dType.SetEndEffectorGripper(self.api, 1, 0, 1)
dType.SetPTPCmd(self.api, 0, 200, (-10),  100, 0, 1)
lastIndex=dType.SetEndEffectorGripper(self.api, 0, 0, 1)[0]
```

图 5-35　在末端执行器函数中添加参数"isQueued=1"

```
dType.SetEndEffectorParams(self.api, 59.7, 0, 0, 1)
dType.SetEndEffectorGripper(self.api, 0, 0, 1)
dType.SetPTPCmd(self.api, 0, SX,  SY,  (SZ + Block), R_SetAngle, 1)
dType.SetEndEffectorGripper(self.api, 1, 0, 1)
#current_pose = dType.GetPose(self.api)
#dType.SetPTPCmd(self.api, 1, current_pose[0], current_pose[1], curre
dType.SetPTPCmd(self.api, 0, SX,  SY,  SZ, R_SetAngle, 1)
#current_pose = dType.GetPose(self.api)
#dType.SetPTPCmd(self.api, 1, current_pose[0], current_pose[1], curre
dType.SetEndEffectorGripper(self.api, 1, 1, 1)
dType.SetPTPCmd(self.api, 0, DX,  DY,  DZ, 0, 1)
dType.SetEndEffectorGripper(self.api, 1, 0, 1)
dType.SetPTPCmd(self.api, 0, 200,  (-10),  100, 0, 1)
lastIndex=dType.SetEndEffectorGripper(self.api, 0, 0, 1)[0]
```

图 5-36　注释掉 GetPose 相关语句，获取最后一条指令的执行索引

5) 完善抓取函数 PickBlock

修改文件 S12_BlockRecognize_ArmSuction.py 中的函数 PickBlock(myARM)，添加机械臂夹取代码，如图 5-37 中矩形框所示。

```python
def PickBlock(myARM):
    while True:
        ''' S1 从摄像头获取 图像 '''
        frame_raw = videostream.read()
        ''' S2 图像翻转 '''
        frame = cv2.flip(frame_raw, -1)
        # 0表示绕x轴正直翻转，即垂直镜像翻转；
        # 1表示绕y轴翻转，即水平镜像翻转；
        # -1表示绕x轴、y轴两个轴翻转，即对角镜像翻转。

        # 如果有图像
        if frame is not None:
            ''' S4 识别积木，获取中心点坐标、旋转角度，处理后的图像 '''
            ret,blockPixel,block_angle,frame_ret = FindBlockPixelLocation(frame)

            # 识别到积木
            if ret:
                ''' S5 显示图像 '''
                frame_ret_resize = cv2.resize(frame_ret,(IM_WIDTH_min,IM_HEIGHT_min) )
                cv2.imshow('result', frame_ret_resize)
                '''如果按下 空格键  就退出'''
                if cv2.waitKey(1) & 0xFF == ord(' '):
                    print("exit --------------------")
                    break
                #S5 机械臂抓取  Start --------------------------------------------
                # 机械臂R轴，旋转角度
                if block_angle >90:
                    pick_angle = 180-block_angle
                else:
                    pick_angle = block_angle
                print(f"pick_angle={pick_angle} ")
                myARM.ARM_Action(pick_angle)  # 机械臂动作
                #S5 机械臂抓取 End -----------------------------------------------
        else:
            print("无画面")
            break
    # 关闭所有窗口和摄像头视频
    cv2.destroyAllWindows()
    videostream.stop()
```

图 5-37　添加机械臂抓取代码

任务考核

更换吸盘为"气动夹爪"，在任务 5.2 基础上，修改机械臂控制程序 DobotControl_block.py 和 S12_BlockRecognize_ArmSuction.py 的代码，实现用夹爪旋转角度来夹取积木，任务要求如下：

(1) 实现红色积木识别，用机械臂气动夹爪旋转、定位夹取。

(2) 实现绿色积木识别，用机械臂气动夹爪旋转、定位夹取。

按照如下要求提交作业：

(1) 机械臂 Blockly 代码的截图。

(2) 机械臂夹取积木视频。

任务 5.4　积木识别与动态抓取——相机标定

任务要求

在任务 5.1～5.3 中，学习了积木识别、积木定位吸取和积木定位抓取。但是，在实际工作中，积木位置往往是动态变化的，积木的像素位置需要转换到机械臂坐标系下，才能驱动机械臂抓取积木。

本任务主要完成相机的标定，由棋盘图图像采集、相机标定和相机图像畸变校正 3 个部分组成。

积木识别与动态抓取
——相机标定

知识链接

1. 相机标定基础

在进行相机标定前，需要了解相机的成像原理、相机图像的畸变、图像处理中涉及的坐标系以及坐标系间的转换、相机的内参和外参等。

1) 相机的成像原理

(1) 透镜成像。在中国古代，墨子发现用一个带有小孔的板遮挡在墙体和物体之间，墙体上就会形成物体的倒影，这种现象被称作小孔成像，如图 5-38 所示，利用小孔成像原理，可以在暗箱中对外部景色进行临摹画画，但是暗箱里太黑不利于作画。

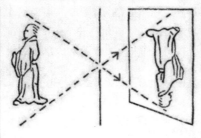

图 5-38　小孔成像原理

为了增加物体的成像亮度，在小孔位置安装凸透镜，利用凸透镜的屈光性和聚光性，即可得到清晰明亮的图像，如图 5-39 所示。

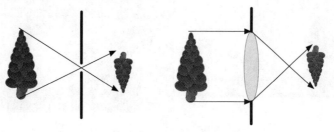

图 5-39　小孔成像与透镜成像

(2) 相机的组成。为了将影像快速记录下来，1888 年柯达公司的乔治·伊斯曼(George Eastman)将卤化银乳液均匀地涂在明胶基片上，发明了一种新型感光材料——胶卷。同年，柯达公司推出了世界上第一台胶片照相机。相机由暗箱、镜头和感光元件三个基本部件组成，如图 5-40 所示。

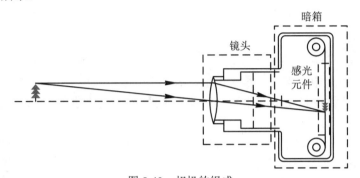

图 5-40　相机的组成

2) 相机图像的畸变

通过在小孔位置安装凸透镜，解决了小孔成像的亮度问题，同时也引入了新的问题，即透镜的制作工艺会使成像产生多种形式的畸变，成像后的图像会与真实世界的景象不一致，需要通过畸变系数来矫正图像。图像畸变分为径向畸变(Radial Distortion)和切向畸变(Tangetial Distortion)两种。

(1) 径向畸变的产生原因：图像在远离透镜中心的地方比靠近中心的地方更加弯曲。径向畸变可分为枕形畸变和桶形畸变两种，如图 5-41 所示。

(a) 枕形畸变　　　　　　　　　　　　　　　(b) 桶形畸变

图 5-41　径向畸变

(2) 切向畸变的产生原因：透镜不完全平行于图像平面，镜头本身存在倾角误差。切向畸变种类很多，图 5-42 所示只是其中两种情况。

(a)　　　　　　　　　　　　　　　(b)

图 5-42　切向畸变

3) 图像处理中涉及的坐标系

在积木识别任务中，输出的积木位置信息为像素坐标系下的位置信息，但是这个像素坐标与机械臂坐标不同，不能被直接用来控制机械臂运动。图像处理中涉及的几个坐标系以及它们之间的坐标转换说明如下。

(1) 像素坐标系为 O_{uv}-uv 像素坐标系的原点位于图像左上角，单位为 pixel，如图 5-43 所示。

(2) 图像坐标系为 O-xy，图像坐标系的原点为成像平面中心点，单位为 mm，如图 5-44 所示。

图 5-43　像素坐标系

图 5-44　图像坐标系

(3) 相机坐标系 O_C-$X_CY_CZ_C$(简称 C)，相机坐标系的原点为光心 O_C，单位为 m，如图 5-45 所示。光心 O_C 在像素平面上对应的点为 O_C'。O_C 到 O_C' 的距离称作焦距 f。

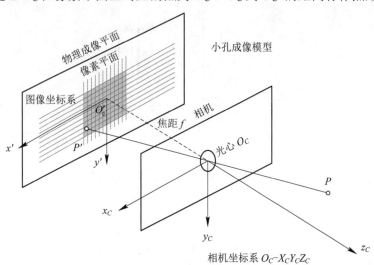

图 5-45　相机坐标系 C

(4) 如图 5-46(b)所示为世界坐标系 O_W-$X_WY_WZ_W$(简称 W)，可用于描述相机的位置，单位为 m，从世界坐标系变换到相机坐标系(见图 5-46(a))属于刚体变换，即物体不会发生形变，只需要进行旋转和平移，所以物体在世界坐标系中的坐标，可通过 3×3 旋转矩阵 $\boldsymbol{R}$ 和 1×3 偏移向量 $\boldsymbol{T}$ 变换到相机坐标系 O_C-$X_CY_CZ_C$ 中，变换矩阵如下：

$$\begin{bmatrix} X_C \\ Y_C \\ Z_C \end{bmatrix} = \boldsymbol{R} \begin{bmatrix} X_W \\ Y_W \\ Z_W \end{bmatrix} + \boldsymbol{T} \tag{5-4}$$

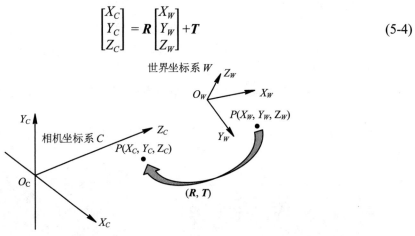

图 5-46　世界坐标系

4) 坐标系间的转换

(1) 图像坐标 xy 转换为像素坐标 uv。

如图 5-47 所示,定义 dx 和 dy 表示每个像素点在 x 和 y 方向上的尺寸,即 1pixel = dx mm,1 pixel = dy mm,则图像坐标到像素坐标的转换公式如下:

$$\begin{cases} u = \dfrac{x}{dx} + u_0 \\ v = \dfrac{y}{dy} + v_0 \end{cases} \tag{5-5}$$

将式(5-5)表示为矩阵形式为:

$$\begin{bmatrix} u \\ v \\ 1 \end{bmatrix} = \begin{bmatrix} \dfrac{1}{dx} & 0 & u_0 \\ 0 & \dfrac{1}{dy} & v_0 \\ 0 & 0 & 1 \end{bmatrix} \begin{bmatrix} x \\ y \\ 1 \end{bmatrix} \tag{5-6}$$

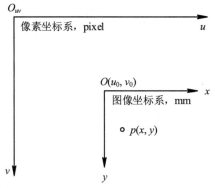

图 5-47　像素坐标系与图像坐标系

(2) 相机坐标 $X_C Y_C Z_C$ 转换为图像坐标 xy。

如图 5-48 所示,相机坐标系 $O_C\text{-}X_C Y_C Z_C$ 到图像坐标系 $O\text{-}xy$ 的转换,可以通过相似三角形计算得出。相机坐标系 $O_C\text{-}X_C Y_C Z_C$ 下的点 $P(X_C,\ Y_C,\ Z_C)$ 在图像坐标系 $O\text{-}xy$ 下对应的点为 $p(x,\ y)$。

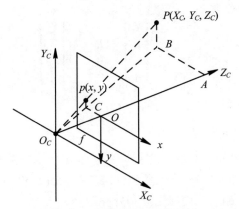

图 5-48　相机坐标与图像坐标

三角形 ABO_C 与三角形 OCO_C 相似，三角形 PBO_C 与三角形 pCO_C 相似，可得出如下关系式：

$$\frac{AB}{oC} = \frac{AO_C}{oO_C} = \frac{PB}{pC} = \frac{X_C}{x} = \frac{Z_C}{f} = \frac{Y_C}{y} \tag{5-7}$$

$$x = f\frac{X_C}{Z_C}, \quad y = f\frac{Y_C}{Z_C} \tag{5-8}$$

$$Z_C \begin{bmatrix} x \\ y \\ 1 \end{bmatrix} = \begin{bmatrix} f & 0 & 0 & 0 \\ 0 & f & 0 & 0 \\ 0 & 0 & 1 & 0 \end{bmatrix} \begin{bmatrix} X_C \\ Y_C \\ Z_C \\ 1 \end{bmatrix} \tag{5-9}$$

其中，式(5-9)为相机坐标到图像坐标的最终转换公式。

5) 相机内参

由于相机设计的工艺问题，会造成相机成像与实际图像不一样的现象。

相机内参，即相机内参矩阵，指的是相机成像到实际图像的转换矩阵，即相机坐标到像素坐标的转换矩阵。结合式(5-6)和式(5-9)可得出相机坐标到像素坐标的转换关系式如下：

$$Z_C \begin{bmatrix} u \\ v \\ 1 \end{bmatrix} = \begin{bmatrix} f_x & 0 & u_0 & 0 \\ 0 & f_y & v_0 & 0 \\ 0 & 0 & 1 & 0 \end{bmatrix} \begin{bmatrix} X_C \\ Y_C \\ Z_C \\ 1 \end{bmatrix} \tag{5-10}$$

则相机的内参矩阵为

$$\begin{bmatrix} f_x & 0 & u_0 & 0 \\ 0 & f_y & v_0 & 0 \\ 0 & 0 & 1 & 0 \end{bmatrix} \tag{5-11}$$

式中：

(1) $f_x = f/dx$，$f_y = f/dy$，f 为相机焦距，dx 和 dy 表示每一列和每一行分别代表多少 mm，即 1pixel = dx mm；1pixel = dy mm。

(2) $(u_0，v_0)$ 为主点(principal point)的坐标，即相机光心所在的主轴与像平面的交点。

6) 相机外参

世界坐标到相机坐标的转换矩阵，称为相机外参矩阵，相机外参矩阵与相机安装方式有关。将式(5-4)进行矩阵变换后，可得到下式：

$$\begin{bmatrix} X_C \\ Y_C \\ Z_C \\ 1 \end{bmatrix} = \begin{bmatrix} \boldsymbol{R} & \boldsymbol{T} \\ \boldsymbol{0} & 1 \end{bmatrix} \begin{bmatrix} X_W \\ Y_W \\ Z_W \\ 1 \end{bmatrix} \tag{5-12}$$

其中，$\begin{bmatrix} \boldsymbol{R} & \boldsymbol{T} \\ \boldsymbol{0} & 1 \end{bmatrix}$ 称作相机外参矩阵。

7) 相机的坐标变换总结

世界坐标转换为像素坐标的过程如图 5-49 所示。世界坐标经过刚体变换、透视投影、二次变换等环节，实现了世界坐标到像素坐标的转换。图 5-50 所示为世界坐标到像素坐标的转换公式，其中标识了相机的内参矩阵和外参矩阵。

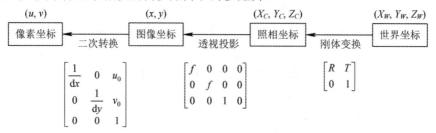

图 5-49　世界坐标转换为像素坐标的过程

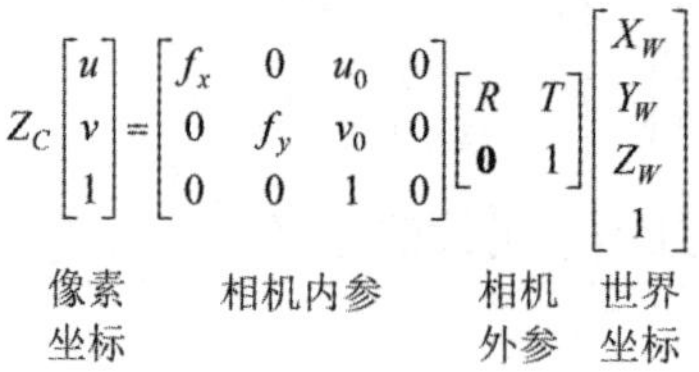

图 5-40　世界坐标到像素坐标的转换公式

2. OpenCV 相机标定

相机标定的目标是获取相机内参、外参、畸变系数，从而实现图像校准。在 OpenCV 中，相机标定所使用的标定图案主要有棋盘格、对称圆形、ArUco 等图案，如图 5-51 所示。其中，棋盘格图案具有操作简单、快速等特点，标定精度满足一般应用场景的需求。如果对标定精度要求较高，则可以采用圆形图案标定。

(a) 棋盘格图案　　　　　　　(b) 圆形图案　　　　　　　(c) ArUco 图案

图 5-51　相机标定图像

材料准备

本任务所需材料如表 5-10 所示。

表 5-10　材 料 清 单

序号	材料名称	说　明
1	USB 相机	硬件设备
2	Pycharm	建议使用 2021 及以上版本
3	pp_py37	已配置好的 conda 虚拟环境,包含 Python3.7 以及实验所需的库文件
4	S2_CameraCal	相机标定工程,其中包含: ① config:存放棋盘图参数和相机标定结果。 ② log:程序运行日志。 ③ models:相机标定、评估等 Python 文件。 ④ my_image:存放采集的棋盘图图片。 说明:本部分代码源自链接 https://github.com/Easonyesheng/Stereo CameraToolkit,并进行了代码修改完善。

注:表格浅灰色部分为与上一个任务相同的部分。

任务实施

本任务主要进行棋盘格图像采集、相机标定和相机图像畸变校正。

1. 棋盘格图像采集

调整棋盘格的位置、姿态,用相机采集不少于 20 张棋盘格图像,如图 5-52 所示。对所采集图像的要求有两条,一是棋盘格在图像中完整显示、没有缺失;二是采集的图片要保存到 my_image 目录下。

注意　棋盘格图纸不能弯曲;棋盘格图千万不能弄脏,否则可能造成标定失败。

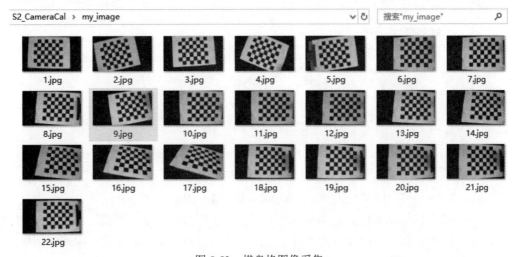

图 5-52　棋盘格图像采集

2. 相机标定

1) 进入相机标定模式

通过 Pycharm 打开相机标定的 Python 工程，打开 Models 目录下的 ModelCamera.py 文件，设置 g_workMode = 0，进入相机标定模式，如图 5-53 所示，其代码说明如下：

(1) ModelCamera.py 文件用于相机标定和坐标变换。

(2) 变量 g_workMode 用于选择当前工作模式：

① g_workMode = 0：相机标定模式，标定参数保存到 config/camera_test.yaml 文件中。

② g_workMode = 1：用于机械臂坐标与像素坐标间的坐标变换，获取棋盘图 4 个角点的像素坐标。

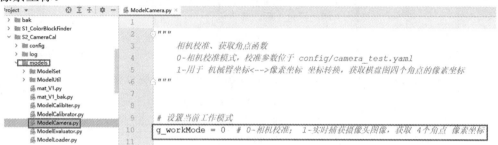

图 5-53　进入相机标定模式

2) 相机标定

运行文件 ModelCamera.py，进行相机标定。如果显示运行错误，则查看是否安装了库。库名称如有红色波浪线，则表明没有安装库文件，应通过 Terminal 窗口输入 pip install 包名称，安装相应的库文件。

在运行 ModelCamera.py 文件时，在 Pycharm 的 Run 窗口输出运行信息，加载图像，运行标定程序，查找棋盘图角点，如图 5-54 所示。

```
F:\ProgramData\Anaconda3\envs\pp_py37\python.exe H:/Robot/S2_CameraCal/models/ModelCamer.
/n S1 Camera('test') ----------------------------------------
S2 test.load_images ----------------------------------------
Calibration Images Loading...
2023-06-03 10:07:18 - root - INFO: - Load 22 images for calibration
 The shape is: 1080 , 1920
100%|          | 22/22 [00:00<00:00, 41.19it/s]
S3 test.calibrate_camera -----------------------------------
2023-06-03 10:07:19 - root - INFO: - In Mod: Calibration, Image loading DONE.
self.Image shape is: (22, 1080, 1920)
2023-06-03 10:07:19 - root - INFO: -
+++++++Calibration Start+++++++

2023-06-03 10:07:19 - root - INFO: - img for calibration shape: (22, 1080, 1920)
2023-06-03 10:07:19 - root - INFO: - chess_board_size: [7 6]
2023-06-03 10:07:19 - root - INFO: - Calibration...
  0%|                                            | 0/22 [00:00<?, ?it/s]True
/n ModelCalibrator.py: corners2:
[[[1213.2743   224.3439 ]]
```

图 5-54　Pycharm 的 Run 窗口输出的运行信息

在 Run 窗口输出运行信息的同时，也会弹出棋盘图窗口，显示查找到的角点，按下空格键，可以逐个进行图像检查，如果出现角点查找不完整的情况，需要剔除相应图像，重新采集，如图 5-55 所示。

图 5-55 查找棋盘图角点

相机标定完成后，会在 Pycharm 的 Run 窗口输出相机的内参、外参、畸变系数和相机标定错误率，如图 5-56 所示。要求标定错误率小于 0.2，如果标定错误率高，需要重新采集棋盘图图像，再次进行相机标定。

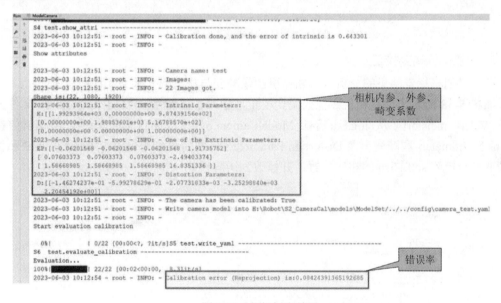

图 5-56 相机标定结果

3）相机标定结果分析

在 config/camera_test.yaml 文件中记录了相机标定结果，即相机的畸变参数、外参和内参，如图 5-57 所示。

通过以上相机标定的基础知识，可了解畸变参数、外参和内参的含义。

(1) 畸变参数：图像的畸变是由相机透镜制作工艺引起的。

(2) 相机内参：相机设计工艺问题会造成相机成像与实际图像不一样，所以需要内参矩阵将相机成像转换到实际图像。

(3) 相机外参：相机外部环境或安装方式不同，相应的相机外参也不同，相机外参矩阵实现世界坐标到相机坐标的转换。

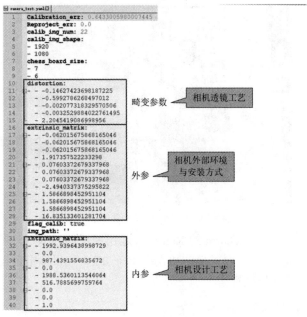

图 5-57　相机标定结果分析

3. 相机图像畸变校正

通过对相机标定结果的分析，可知相机图像畸变与相机畸变参数和内参有关。

如图 5-58 所示，进行相机图像的畸变校正，学习者需要修改 ModelCamera.py 文件的函数 Video_undistort。从 log.txt(运行 ModelCamera.py 生成的日志文件)中，将相机内参 Intrinsic Parameters 和畸变参数 Distortion Parameters 分别拷贝到相机内参矩阵 self.IntP 和相机畸变参数矩阵 self.Disp 的相应位置，并修改为矩阵格式。

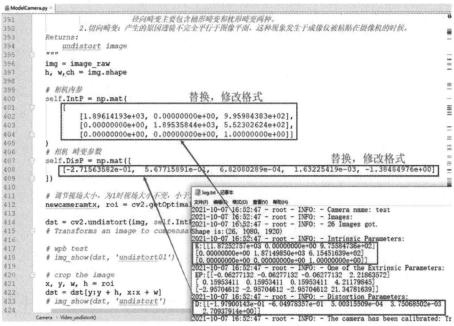

图 5-58　相机图像畸变校正

任务考核

使用 Pycharm 打开 S2_CameraCal 工程，完成相机标定，任务要求如下：

(1) 采集不少于 20 张棋盘图图像，并进行截屏(参考 1. 图像采集)。

(2) 相机标定截图(参考 2. 相机标定)。

(3) ModelCamera.py 文件中的函数 Video_undistort(self, image_raw)的代码截图,含内参和畸变参数(参考 3. 相机图像畸变校正)。

按照如下要求提交作业：

提交步骤(1)~(3)的效果截图。

任务 5.5　积木识别与动态抓取——坐标变换

任务要求

本任务主要是实现积木像素坐标到机械臂坐标的转换，求取坐标转换矩阵，为后续控制机械臂到指定位置抓取积木奠定基础。

积木识别与动态
抓取——坐标变换

知识链接

本任务的目标是将积木像素坐标转换为机械臂的笛卡尔坐标,基本思路是根据标定板上三点像素坐标矩阵 A 和相应位置的机械臂笛卡尔坐标矩阵 B，求取转换矩阵 RT，对应的公式为 $B = RT \times A$，即

$$\begin{bmatrix} x_1' & x_2' & x_3' \\ y_1' & y_2' & y_3' \\ 1 & 1 & 1 \end{bmatrix} = RT \times \begin{bmatrix} x_1 & x_2 & x_3 \\ y_1 & y_2 & y_3 \\ 1 & 1 & 1 \end{bmatrix} \tag{5-12}$$

械臂坐标矩阵 B 需要通过 DobotStudio 读取，像素坐标矩阵 A 通过程序获取，最终可求取转换矩阵 RT。其中，标定板上的 3 个像素点从棋盘图最外侧 4 个角点中选取，如图 5-59 所示。

图 5-59　棋盘图最外侧的 4 个角点

材料准备

本任务所需材料同任务 5.4，如表 5-10 所示。

任务实施

本任务主要是求取坐标转换矩阵，实现积木像素坐标到机械臂坐标的转换，主要包括设备布放、像素坐标获取、机械臂坐标获取和坐标变换矩阵计算四个部分。

1. 设备布放

如图 5-60 所示调整各设备相对位置，将相机与机械臂相对放置；将标定用的棋盘图倾斜放置。各设备的布放要求如下。

(1) 将全部棋盘格置于相机视野范围内。

(2) 调整机械臂位置，使得机械臂末端最少可到达棋盘图 4 个角点中的 3 个点。

(3) 按步骤(1)(2)布放好设备后，机械臂和相机位置不能再改动，否则需重新进行坐标变换。

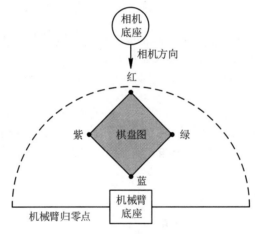

图 5-60　设备布放

2. 像素坐标获取

1) 运行程序

在 Pycharm 中打开 ModelCamera.py 文件，设置 g_workMode = 1，运行程序，获取棋盘图 4 个角点的像素坐标，如图 5-61 所示。

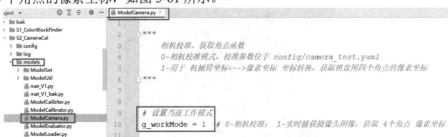

图 5-61　运行 ModelCamera.py 程序

2) 采集角点像素坐标

按下面步骤采集角点像素坐标：

(1) 调整棋盘图位置，使棋盘图倾斜放置，并使其完全置于摄像头视野中。

(2) 调整机械臂末端吸盘位置，使其最少可正常到达棋盘图红、绿、蓝、紫 4 个角点中的 3 个点。

(3) 按下"空格"键，进行 4 个角点像素坐标提取，识别效果如图 5-62 所示，并将图像截屏保存。

(4) 按下"q"键(英文模式下)，退出程序。

图 5-62　棋盘图 4 个角点识别效果

3) 保存像素坐标

新建记事本文档 pixel.txt，将输出结果(位于 Pycharm 下方运行窗口)中 4 个角点像素坐标(顺序为红、绿、蓝、紫)拷贝到 pixel.txt 文档暂存，如图 5-63 所示。

注意　操作过程中务必确保棋盘图位置不变，程序暂不退出。

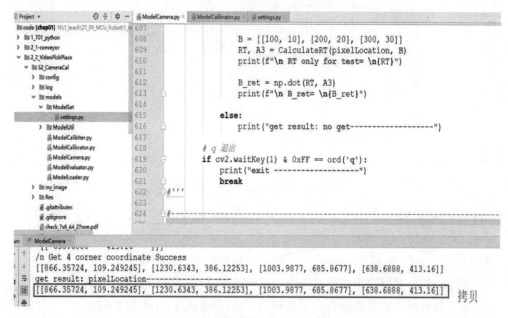

图 5-63　棋盘图 4 个角点像素坐标

3. 机械臂坐标获取

机械臂坐标的获取步骤如下：

(1) 参照任务 2.1 中任务实施的"3. 机械臂开/关机操作"，完成机械臂开机和连接上位机的操作。

(2) 按下机械臂小臂上的"解锁"键，分别调整机械臂到达红、绿、蓝 3 个角点，并记录下 3 个位置上机械臂的 X 和 Y 坐标，即为 3 个角点的机械臂坐标。

(3) 在 Pycharm 中，将 ModelCamera.py 程序停止运行。

4. 坐标变换矩阵计算

按下面步骤求取坐标变换矩阵：

(1) 打开 models 目录下的 mat_V1.py 文件。

(2) 将 4 个角点的像素坐标拷贝到矩阵 A。

(3) 将机械臂到达红、绿、蓝 3 个角点时的 X 和 Y 坐标拷贝到矩阵 B，如图 5-64 所示。

(4) 运行 mat_V1.py 程序。

(5) 将 mat_V1.py 运行窗口输出的转换矩阵 RT 保存。

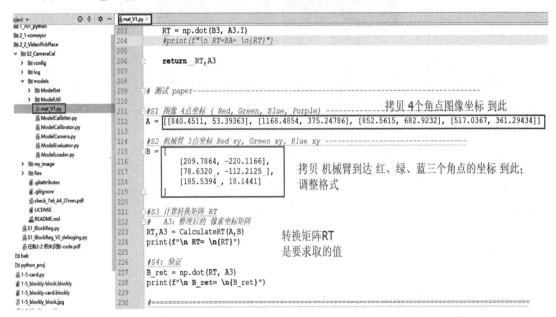

图 5-64　拷贝坐标到矩阵 A 和 B

任务考核

使用 Pycharm 打开 S2_CameraCal 工程，求出坐标转换矩阵 RT，要求如下：

(1) 摄像头和机械臂的相对位置符合设备布放要求(参考图 5-60)。

(2) 带有角点标注的棋盘图符合设备布放要求(参考图 5-60 和图 5-62)。

(3) 运行 mat_V1.py 程序，获得转换矩阵 RT(求取方法参见"4. 坐标变换矩阵计算")。

按照如下要求提交作业：

步骤(1)～(3)的效果截图。

任务 5.6　积木识别与动态抓取

任务要求

以任务 5.2 积木定位吸取为基础，结合任务 5.4 相机标定和任务 5.5 坐标变换，实现积木的动态抓取。

知识链接

积木识别与动态抓取

参照任务 5.1～任务 5.6 的知识链接内容。

材料准备

本任务所需材料如表 5-11 所示。

表 5-11　材料清单

序号	材料名称	说明
1	Dobot 机械臂及吸盘套件	硬件设备
2	红、绿、蓝积木若干	积木尺寸为 25 mm × 25 mm × 25 mm
3	USB 相机	硬件设备
4	Pycharm	建议使用 2021 及以上版本
5	pp_py37	已配置好的 conda 虚拟环境，包含 Python3.7 以及实验所需的库文件
6	VideoStream.py	相机采集图像源代码
7	DobotDllType.py，DobotDll.h，DobotDll.dll，msvcp120.dll，msvcr120.dll，Qt5Core.dll，Qt5Network.dll，Qt5SerialPort.dll	Dobot 机械臂动态库
8	DobotControl_block.py	源自任务 5.2 中的 DobotControl_block.py
9	PickBlock.py	源自任务 5.2 中的 S12_ColorBlock_Suction.py

注：表格中浅灰色部分为与上一个任务相同的部分。

任务实施

本任务主要结合任务 5.1～5.5 部分的机械臂定位吸取、相机标定、坐标变换，实现积木的动态抓取，主要包括机械臂控制和积木动态抓取两个部分。

1. 机械臂控制

机械臂控制分两步进行，一是修改 DobotControl_block.py 文件中的函数 ARM_Action 的入口参数，如图 5-65 所示，添加机械臂坐标系下积木的 X、Y 坐标；二是将机械臂起始位置的 X、Y 坐标的实际数值修改为积木的 X、Y 坐标。这样，上层只需将积木位置传过来，机械臂就可以进行积木的抓取。

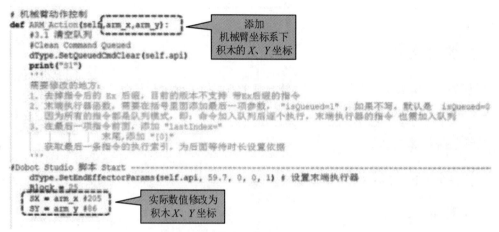

图 5-65　修改函数 ARM_Action

2. 积木动态抓取

实现积木动态抓取的流程为：首先对摄像头采集的图像进行畸变校正；其次进行积木识别，获取积木像素坐标，并将积木像素坐标转换为机械臂坐标系下的坐标；最后控制机械臂抓取积木。其具体操作步骤如下：

(1) 修改主文件 PickBlock.py，在其中添加坐标变换函数 PixelXY_ArmXY，如图 5-66 所示，其中的 **RT** 转换矩阵源自任务 5.5 坐标变换的输出结果，将 **RT** 值拷贝到此处，并修改格式。

```
'''
S3 像素坐标 -> 机械臂XY坐标 ----------------------------------------
返回: 机械臂XY坐标: arm_X,arm_Y
'''
# 机械臂XY坐标微调量: 根据实际抓取情况进行调整
ARM_X_Adj = 0
ARM_Y_Adj = 0

def  PixelXY_ArmXY(pixel_XY):
    # 旋转矩阵
    RT = [
         [                                          ],
         [                                          ],
         [                                          ],
         [                                          ]
    ]

    # 添加 z坐标值 1
    pixel_XY.append(1)
    pixel_XYZ = pixel_XY
    print(f"pixel_XYZ={pixel_XYZ}")

    # 计算像素坐标 对应的 机械臂坐标
    arm_XY = np.dot(RT, pixel_XYZ)
    print(f"arm_XY={arm_XY}")

    # 坐标微调
    arm_Block1 = np.array(arm_XY)
    arm_X = arm_Block1[0]+ARM_X_Adj   # 在四个角点和中心点, 进行测试, 对比出与实际坐标(Dobot Studio软件获取)的差距
    arm_Y = arm_Block1[1]+ARM_Y_Adj
    print(f"arm_X={arm_X},arm_Y={arm_Y}")

    return  arm_X,arm_Y
```

源自任务 5.5 坐标变换输出的 **RT** 转换矩阵，将其拷贝至此处，并修改格式

图 5-66　修改函数 PixelXY_ArmXY

(2) 修改主文件 PickBlock.py，在其中添加图像畸变校正函数 Video_undistort，其中，相机内参和畸变系数源自任务 5.4 相机标定，将参数拷贝到此处，并修改格式，如图 5-67 所示。

```python
def Video_undistort(image_raw):
    img = image_raw
    h, w, channel= img.shape
    # 相机内参 fx, fy, u0,v0
    self_IntP = np.mat(
        [
            [                            ],
            [                            ],
            [                            ]
        ]
    )
    # 相机 畸变参数
    self_DisP = np.mat(
        [[                                        ]]
    )
    # 调节视场大小, 为1时视场大小不变, 小于1时缩放视场:
    newcameramtx, roi = cv2.getOptimalNewCameraMatrix(self_IntP, self_DisP, (w, h), 1, (w, h))

    dst = cv2.undistort(img, self_IntP, self_DisP, None, newcameramtx)  # 畸变到非畸变

    return dst
```

源自任务 5.4 相机标定，将输出的相机内参、畸变系数拷贝至此处，并修改格式

图 5-67　添加函数 Video_undistort

(3) 修改主文件 PickBlock.py 中的主函数 PickBlock，分别添加图像畸变校正函数、坐标变换函数和机械臂抓取函数，从而完成积木的识别与动态抓取，如图 5-68 所示。

```python
def PickBlock(myARM):
    while True:
        ''' S1 从摄像头获取 图像 '''
        frame_raw = videostream.read()

        ''' S2 图像翻转 '''
        frame = cv2.flip(frame_raw, -1)
            # 0表示绕x轴正直翻转, 即垂直镜像翻转;
            # 1表示绕y轴翻转, 即水平镜像翻转;
            # -1表示绕x轴、 y轴两个轴翻转, 即对角镜像翻转。

        ''' S3 图像畸变校正 '''
        frame = Video_undistort(frame)

        # 如果有图像
        if frame is not None:

            ''' S4 识别积木, 获取中心点坐标、 旋转角度, 处理后的图像 '''
            ret,blockPixel,block_angle,frame_ret = FindBlockPixelLocation(frame)
            print("result: ")
            print( ret,blockPixel,block_angle )
            # 识别到积木
            if ret:
                ''' S5 显示图像 '''
                frame_ret_resize = cv2.resize(frame_ret,(IM_WIDTH_min,IM_HEIGHT_min) )
                cv2.imshow('result', frame_ret_resize)
                '''如果按下 空格键  就退出'''
                if cv2.waitKey(1) & 0xFF == ord(' '):
                    print("exit --------------------")
                    break

                ''' S6 坐标系变换 '''
                arm_X,arm_Y = PixelXY_ArmXY(blockPixel)
                ''' S7 机械臂抓取 '''
                myARM.ARM_Action( arm_X,arm_Y ) # 机械臂动作
        else:
            print("无画面")
            break
```

添加图像畸变校正函数

添加坐标变换函数和机械臂抓取函数

图 5-68　修改主函数 PickBlock

任务考核

以任务 5.2 的工程为基础,参照任务 5.4 和任务 5.5 分别进行相机标定和坐标变换,实现不同颜色积木的动态抓取,任务要求如下:

(1) 实现最少 4 个不同位置的红色积木的识别和抓取。

(2) 实现最少 4 个不同位置的绿色积木的识别和抓取。

注意　如果抓取误差较大,尝试重新进行任务 5.5(坐标变换)。

按照如下要求提交作业:

(1) 摄像头视频识别结果的截图。

(2) 机械臂抓取过程视频。

拓展阅读　砌墙砌出的世界冠军

2022 年 11 月 28 日,中建五局高级技校(长沙建筑工程学校)教师伍远州登上了 2022 年世界技能大赛特别赛的颁奖台,成功摘得砌筑项目金牌。

"冰冻三尺非一日之寒",为了能够在比赛中名列前茅,伍远州每天与砖块和砂浆打交道,过着"识图、放样、切割、砌筑"四部曲生活,刻苦钻研砌筑技能,摸索创新,一边教学,一边为世赛作准备。在训练期间,他共砌筑了近 600 堵高标准的艺术墙,13 万多块砖在他手里拆了又建,建了又拆。每天在训练室整整待上 10 个小时,反复进行"一铲灰、一块砖、一揉压"三个动作不下 200 次的练习,确保每一条砖缝均匀一致,随手一铲就能精确说出砂浆的厚度,保证手感的柔和。

为了达到最佳手感,在训练期间,伍远州拒绝戴手套,在这种双手没有保护的情况下,他的手磨出痕迹,结出老茧,指甲缝里的青白石灰"漂白"了十个指甲。当被问及有没有后悔这份选择时,他说道:"从未后悔,唯有高标准地要求自己,更加勤奋努力,才能尝到成功的滋味。"

本项目的目标是实现机械臂动态抓取积木,要实现这一目标,学习者要经过积木识别、积木定位吸取、积木定位抓取、相机标定、坐标变换和积木识别与动态抓取六大步骤,可以说每做一步,都可能遇到大大小小的困难,希望大家学习伍远洲老师的砌墙精神,肯吃苦、能奋斗、精益求精,最终也会尝到成功的滋味。

学而时习之

(1) 简述积木识别抓取流程。

(2) 在积木图像识别过程中,采用了哪些图像处理方法?

(3) 通过 OpenCV 获取图像中积木的旋转角度需要使用哪些函数?

(4) 通过 OpenCV 获取图像中积木的中心坐标需要使用哪些函数？

(5) Dobot 机械臂公共报警的处理方法是什么？

(6) Dobot 机械臂的规划报警、运动报警、超速报警的处理方法分别是什么？

(7) 当机械臂底座指示灯为红色时，该怎样解除报警？

(8) 当 DobotStudio 上方工具栏中出现红色报警时，该怎样解除报警？

(9) 机械臂运动过程中如果遇到障碍物，发出咯吱咯吱声响，此时该怎么做？

(10) 相机畸变有哪几种？它们产生的原因是什么？

(11) 什么是相机内参？它与哪些因素有关？

(12) 什么是相机外参？它与哪些因素有关？

(13) 实现像素坐标与世界坐标转换的公式是什么？

(14) 相机标定的目标是什么？

项 目 6

机械臂智能控制实战——扑克牌识别与抓取

项 目 描 述

项目 5 中介绍了积木的识别和抓取，但是在实际工作中，机械臂抓取的往往不是简单的积木，而是具有各种特征的各式各样的物体。本项目将采用深度学习技术完成扑克牌的识别并通过机械臂进行抓取和搬运。

扑克牌的识别与抓取分以下 3 步完成，首先，需要完成扑克牌的视觉识别，获取每张扑克牌的像素坐标；然后，进行坐标变换；最后，控制机械臂完成扑克牌的抓取，如图 6-1 所示。

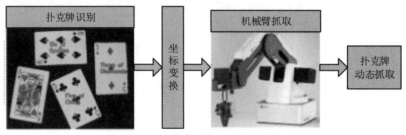

图 6-1　扑克牌的识别与抓取

教 学 目 标

知识目标

➢ 了解深度学习在计算机视觉领域的典型应用。

➢ 理解百度飞桨深度学习框架的 PP-ShiTu 图像识别系统的工作原理。

➢ 熟悉深度学习中模型训练、评估、推理的基本流程。

➢ 理解图像识别中向量检索的作用。

技能目标

➢ 能够进行图片数据的采集和标注。

➤ 能够进行模型的训练、评估、推理。

➤ 会结合图像识别结果控制机械臂进行物体的抓取。

素质目标

➤ "读万卷书，行万里路"。新的时代，将遇到很多新的事物，要做到不盲从，不忘初心，要找好自己的方向，并要脚踏实地为之奋斗，"自信自强守正创新，踔厉奋发、勇毅前行"。

任务 6.1 扑克牌识别——数据集制作

任务要求

本任务通过采集扑克牌图像数据，进行数据标注，从而制作扑克牌数据集，为后续扑克牌识别做准备。

知识链接

数据集制作

1. 基于 OpenCV 的积木识别

在项目 5 中，通过 OpenCV 对积木图片分别进行了高斯模糊、RGB 转 HSV、腐蚀、二值化和轮廓标识等处理，实现了积木的识别。但是，在实践中发现，通过 OpenCV 进行积木识别的效果并不太好，原因有以下三个方面：

(1) 很容易受到光照、角度等因素影响。

(2) 物体的特征提取依赖人工设计。

(3) 泛化能力及鲁棒性比较差。

2. 基于深度学习的扑克牌识别

考虑到通过 OpenCV 进行图像识别的局限性，本任务引入了深度学习技术，深度学习在计算机视觉领域的三个典型应用分别为目标分类、目标检测和语义分割，如图 6-2 所示。本项目的扑克牌识别就属于目标检测。

(a) 目标分类   (b) 目标检测   (c) 语义分割

图 6-2 深度学习在计算机视觉领域的典型应用

如图 6-3 所示，在扑克牌识别中，第一步需要在图像中找到物体，即将前景和背景区分开，即主体检测；第二步是判断物体的种类，即图片分类。

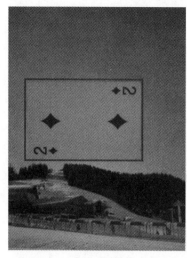
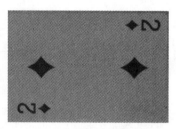

(a) 主体检测　　　　　　　(b) 图片分类

图 6-3　扑克牌识别

3. PP-ShiTu 图像识别系统

在本项目中，扑克牌识别使用了基于国产百度飞桨深度学习框架的 PP-ShiTu 轻量级通用图像识别系统，如图 6-4 所示。该系统分以下两步实现图像识别：

(1) 采集一定量的图片数据作为训练集，此处称作底库图片 gallery，通过特征提取获取底库图片 gallery 的特征库。

(2) 对于输入图像(如图 6-4 中输入一张含有"Hot Kid Milk"的图片)，系统首先进行主体检测，找到图像中的物体；然后，对其进行特征提取，提取的特征在底库图片 gallery 特征库中进行向量检索，找到最匹配的一个特征，并找出这个特征对应的类别作为识别结果，如图 6-4 中，识别物体类别(Class)为"Hot Kid Milk"，准确率(Score)为 0.9。

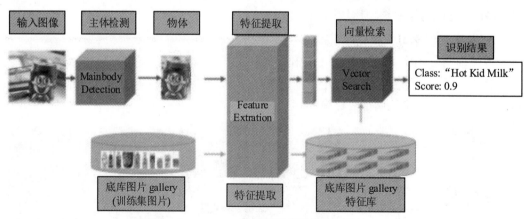

图 6-4　PP-ShiTu 轻量级通用图像识别系统

材料准备

本任务所需材料如表 6-1 所示。

表 6-1　材 料 清 单

序号	材料名称	说　　明	
1	扑克牌若干	最少 4 张	
2	Pycharm	建议使用 2021 及以上版本	
3	pp_py37	已配置好的 conda 虚拟环境，包含 Python3.7 以及实验所需的库文件	
4	PaddleClas-release-2.5	百度飞桨图像识别套件	
5	1_Materials	labelImg.exe	图片标注程序
		S11_changeFileName.py	修改图片名称
		S12_xml_splitPic.py	使用标注的 XML 文件将图片中的物体逐个分割成单张图片
		S13_dataSetSplit.py	数据集划分
		S14_process_format.py	生成图片信息文件

　　下面给出了表 6-1 中第 5 行所涉及的 4 个 Python 文件的源代码，读者可结合注释来了解相应功能实现的方法。

　　(1) S11_changeFile Name. py 文件负责修改图片名称，其代码如下：

```
#批量修改图片文件名
import os
#批量修改文件名
#批量修改图片文件名
import os
import re
import sys

g_File_prefix = input('请输入文件名前缀：')
g_File_Dir = input('请输入文件夹路径：')

def renameall(File_Dir,File_prefix):
    fileList = os.listdir(File_Dir)          #待修改文件夹
    print("修改前："+str(fileList))          #输出文件夹中包含的文件
    currentpath = os.getcwd( )               #得到进程当前工作目录
    os.chdir(File_Dir)                       #将当前工作目录修改为待修改文件夹的位置
    num=1                                    #名称变量
    for fileName in fileList:                #遍历文件夹中所有文件
        pat=".+.(JPG|jpg|png|gif|py|txt)"    #匹配文件名正则表达式
        pattern = re.findall(pat,fileName)   #进行匹配
```

```
            print(f"File_prefix={File_prefix}")
            print(f"pattern={pattern}")
            os.rename(fileName,("default"+str(num)+'.'+pattern[0]))          #文件重新命名
            num = num+1                                    #改变编号，继续下一项
        print("reset name--------------------------------------------------")

        fileList = os.listdir(File_Dir)                     #待修改文件夹
        num=1        #名称变量
        for fileName in fileList:                           #遍历文件夹中所有文件
            pat=".+.(JPG|jpg|png|gif|py|txt)"              #匹配文件名正则表达式
            pattern = re.findall(pat,fileName)              #进行匹配
            print(f"File_prefix={File_prefix}")
            print(f"pattern={pattern}")
            os.rename(fileName,(File_prefix+str(num)+'.'+pattern[0]))          #文件重新命名
            num = num+1                                    #改变编号，继续下一项
        print("set name --------------------------------------------------")
        os.chdir(currentpath)                              #改回程序运行前的工作目录
        sys.stdin.flush( )                                 #刷新
        print("修改后： "+str(os.listdir(File_Dir)))        #输出修改后文件夹中包含的文件


if __name__ == "__main__":
    renameall(g_File_Dir,g_File_prefix)
```

（2）S12_xml_splitPic.py 文件使用标注的 XML 文件将图片中的物体逐个分割成单张图片，其代码如下：

```
'''
通过读取 XML 配置文件来截取图像中的目标物品，然后单独生成图像进行存储
'''
import xml.etree.ElementTree as ET
import sys
import os
import cv2
import numpy as np
import datetime as dt

class splitImg():
    def __init__(self, savePath, xmlsPath):
        self.xmin = [ ]
        self.ymax = [ ]
```

```
        self.ymin = [ ]
        self.xmax = [ ]
        self.imgPath = ""
        self.name = [ ]
        self.savePath = savePath
        self.xmlsPath = xmlsPath
    def read_xml(self, filename):
    #读取 xml 文件获取信息
        self.name = [ ]
        self.xmin = [ ]
        self.ymax = [ ]
        self.ymin = [ ]
        self.xmax = [ ]
        tree = ET.parse(filename)
        #self.imgPath = tree.findall("path")[0].text
        imgfilename = tree.findall("filename")[0].text
        self.imgPath = os.path.join(self.xmlsPath, imgfilename)
        print(f"self.imgPath={self.imgPath} ")
        for i in range(len(tree.findall("object"))):
            self.xmin.append(tree.findall("object")[i].find("bndbox")[0].text)
            self.ymin.append(tree.findall("object")[i].find("bndbox")[1].text)
            self.xmax.append(tree.findall("object")[i].find("bndbox")[2].text)
            self.ymax.append(tree.findall("object")[i].find("bndbox")[3].text)
            self.name.append(tree.findall("object")[i].find("name").text)
        #print(len(tree.findall("object")))
        #print(self.imgPath, "\n", self.box, "\n", self.name, "\n")
    def selectROI(self):
    #截取 roi 区域
        img=cv2.imdecode(np.fromfile(self.imgPath,dtype=np.uint8),cv2.IMREAD_COLOR)
#适应中文路径
        for i in range(len(self.name)):
            roiImg = img[int(self.ymin[i]):int(self.ymax[i]), int(self.xmin[i]):int(self.xmax[i])]
            #根据系统时间命名图像
            now_time = dt.datetime.now().strftime("%Y%m%d%H%M%S%f")
            saveName = os.path.join(self.savePath+"/", str(now_time)[:]+".jpg")
            if not os.path.exists(self.savePath+"/"):
                #os.mkdir(self.savePath+"/"+self.name[i]+"/")
                os.mkdir(self.savePath+"/")
            #cv2.imwrite(saveName, roiImg)
```

```
                        cv2.imencode('.jpg', roiImg)[1].tofile(saveName)#适应中文路径
                        cv2.waitKey(1)
            def run(self):
            #运行函数
                for file in os.listdir(self.xmlsPath):
                    if file.split(".")[1] == "xml":
                        path = os.path.join(self.xmlsPath, file)
                        self.read_xml(path)
                        print(f"path={path}")
                        self.selectROI()
    if __name__ == '__main__':
        xmlPath = input('请输入：标注文件夹路径：')
        savePath = input('请输入：保存文件夹路径：')
        print(f"xmlPath={xmlPath}")
        print(f"savePath={savePath}")
        #数据集文件分割
        for root,dirs,files in os.walk(xmlPath):
            print(f"files={files}")
            print(f"dirs={dirs}")
            for name in dirs:
                xmlPath_cur = os.path.join(root, name)
                savePath_cur = os.path.join(savePath, name)
                print(f"xmlPath_cur={xmlPath_cur}")
                print(f"savePath_cur={savePath_cur}")
                #需要保存截取图像的位置
                aa = splitImg(savePath_cur, xmlPath_cur)
                aa.run( )
```

(3) S13_dataSetSplit.py 文件负责数据集划分，其代码如下：

```
"""
数据集分割
"""
import os, random, shutil

#将图片拆分成训练集 train(0.8)和验证集 val(0.2)
def moveFile(Dir,path_train,path_val,train_ratio=0.8,val_ratio=0.2):
    filenames = [ ]
    for root,dirs,files in os.walk(Dir):
        for name in files:
```

```
                filenames.append(name)
            break
        filenum = len(filenames)
        num_train = int(filenum * train_ratio)
        sample_train = random.sample(filenames, num_train)
        for name in sample_train:
            shutil.copy(os.path.join(Dir, name), path_train) #os.path.join(Dir, 'train'))
        sample_val = list(set(filenames).difference(set(sample_train)))
        for name in sample_val:
            shutil.copy(os.path.join(Dir, name), path_val) #os.path.join(Dir, 'val'))
if __name__ == '__main__':
    Dir_src = input('请输入要分割的数据集文件夹：')
    Dir_dst = input('请输入分割后保存到的文件夹：')
    train_ratio = input('请输入训练集占比(0-1)，默认 0.8：')
    test_ratio = input('请输入测试集占比(0-1)，默认 0.2：')
    #创建  train,val  文件夹
    if os.path.exists(os.path.join(Dir_dst, 'train')):        #如存在文件夹，则删除
        shutil.rmtree(os.path.join(Dir_dst, 'train' ))
    if os.path.exists(os.path.join(Dir_dst, 'test')):         #如存在文件夹，则删除
        shutil.rmtree(os.path.join(Dir_dst, 'test' ))
    os.makedirs(os.path.join(Dir_dst, 'train'))               #新建文件夹
    os.makedirs(os.path.join(Dir_dst, 'test'))                #新建文件夹
    #获取文件夹路径
    path_train = os.path.join(Dir_dst, 'train')
    path_val = os.path.join(Dir_dst, 'test')
    #数据集文件分割
    for root,dirs,files in os.walk(Dir_src):
        for name in dirs:
            #获取当前路径
            folder = os.path.join(root, name)
            print("正在处理:" + folder)
            #设置  train,test 文件夹
            path_train_cur = os.path.join(path_train, name)
            path_val_cur    = os.path.join(path_val, name)
            print(f"path_train_cur={path_train_cur}")
            print(f"path_val_cur={path_val_cur}")
            if os.path.exists(path_train_cur):        #如存在文件夹，则删除
                shutil.rmtree(path_train_cur)
            if os.path.exists(path_val_cur):          #如存在文件夹，则删除
```

```
        shutil.rmtree(path_val_cur)
        os.makedirs(path_train_cur)              #新建文件夹
        os.makedirs(path_val_cur)
        #数据划分
        moveFile(folder,path_train_cur,path_val_cur,float(train_ratio),float(test_ratio) )
    print("处理完成")
    break
```

(4) S14_process_format.py 文件负责生成图片信息文件，其代码如下：

```
import os
#先写 class_label.txt 文件
class_label = open("class_labels.txt", "w")
count = 0
for class_name in os.listdir("train"):
    if class_name == "others":
        continue
    class_label.write("{}\n".format(class_name))
    count += 1
    print(class_name)
class_label.close( )
print("total class numbers are: {}".format(count))
#再写 train_list.txt 文件
train_list = open("train_list.txt", "w")
test_list = open("test_list.txt", "w")
count = 0
count_img = 0
for class_name in os.listdir("train"):
    if class_name == "others":
        continue
    if len(class_name.strip().split(" ")) != 1:
        continue
    count += 1
    for img_path in os.listdir("train/{}".format(class_name)):
        if len(img_path.strip().split(" ")) != 1:
            continue
        count_img += 1
        #train_list.write("train/{}/{} {} {}\n".format(class_name, img_path, count, count_img))
        #train_list.write("train/{}/{}\t{}\n".format(class_name, img_path, count))#, count_img))
        train_list.write("train/{}/{} {}\n".format(class_name, img_path, count))#, count_img))
```

```
print("total train image : {}".format(count_img))
count = 0
count_img = 0
for class_name in os.listdir("test"):
    if class_name == "others":
        continue
    if len(class_name.strip( ).split(" ")) != 1:
        continue
    count += 1
    for img_path in os.listdir("test/{}".format(class_name)):
        if len(img_path.strip( ).split(" ")) != 1:
            continue
        count_img += 1
        #test_list.write("test/{}/{} {} {}\n".format(class_name, img_path, count, count_img))
        #test_list.write("test/{}/{}\t{}\n".format(class_name, img_path, count))#, count_img))
        test_list.write("test/{}/{} {}\n".format(class_name, img_path, count))#, count_img))
print("total test image : {}".format(count_img))
```

任务实施

本任务主要是采集扑克牌图片数据，进行数据标注，制作扑克牌数据集，为后续扑克牌识别做准备。任务实施步骤包括数据采集、数据标注、图像分割、数据集划分和数据集信息文件生成五个部分。

1. 数据采集

在 1_Materials 文件夹下面，新建 S1_数据标注、S2_图像分割和 S3_dataset 三个文件夹，并按照如下步骤进行数据采集：

(1) 准备 4 张不同的扑克牌，并用相机给每张扑克牌拍摄不少于 50 张图片。在拍摄图片时要不断调整扑克牌姿态、背景、光照、角度等参数，使每张图片间稍有差别。

(2) 将每张扑克牌图片保存到相应的文件夹。文件夹命名规则为"数字 + 花色字符"，例如，"方块 3"对应"3D"。每种扑克牌对应的文件夹名称，可在图 6-5 中进行查询。

```
'10C': "梅花10", '10D': "方块10", '10H': "红桃10", '10S': "黑桃10",
'2C': "梅花2",  '2D': "方块2",  '2H': "红桃2",  '2S': "黑桃2",
'3C': "梅花3",  '3D': "方块3",  '3H': "红桃3",  '3S': "黑桃3",
'4C': "梅花4",  '4D': "方块4",  '4H': "红桃4",  '4S': "黑桃4",
'5C': "梅花5",  '5D': "方块5",  '5H': "红桃5",  '5S': "黑桃5",
'6C': "梅花6",  '6D': "方块6",  '6H': "红桃6",  '6S': "黑桃6",
'7C': "梅花7",  '7D': "方块7",  '7H': "红桃7",  '7S': "黑桃7",
'8C': "梅花8",  '8D': "方块8",  '8H': "红桃8",  '8S': "黑桃8",
'9C': "梅花9",  '9D': "方块9",  '9H': "红桃9",  '9S': "黑桃9",
'AC': "梅花A",  'AD': "方块A",  'AH': "红桃A",  'AS': "黑桃A",
'JC': "梅花J",  'JD': "方块J",  'JH': "红桃J",  'JS': "黑桃J",
'KC': "梅花K",  'KD': "方块K",  'KH': "红桃K",  'KS': "黑桃K",
'QC': "梅花Q",  'QD': "方块Q",  'QH': "红桃Q",  'QS': "黑桃Q"
```

图 6-5　扑克牌图片文件夹命名查询列表

注意 为提高图片识别率，可以考虑以下几个方面：

① 尽量多采集应用场景下的图片。

② 采集图片数量一般要达到几百张或上千张。

③ 规范图片名称。

为防止出现图片名称编码错误，必须将图片名称进行规范。通过 Pycharm 运行 S11_changeFileName.py 程序，并进行如下操作：

① 输入文件名前缀，格式为"数字花色字符_学号末 3 位_；"

② 输入图片要保存到的文件夹路径；

③ 将图片名称统一修改为"数字花色字符_学号末 3 位_3 位图片序号"。其操作示例如图 6-6 所示。

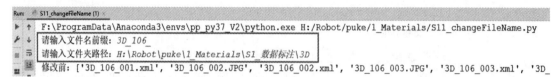

图 6-6　规范图片名称

2. 数据标注

使用 labelImg 对采集的图像进行数据标注，具体步骤如下：

(1) 单击软件左侧的 Open Dir 图标，打开图像所在文件夹，如图 6-7(a)所示。

(2) 单击 Change Save Dir 图标，修改标注文件保存的文件夹，如图 6-7(b)所示。

(3) 单击 Create RectBox 图标，激活锚框功能，如图 6-7(c)所示。

(4) 在图片中找到要识别的扑克牌，按下鼠标左键的同时沿着扑克牌外边沿绘制矩形框，在弹出窗口中输入扑克牌数字和花色字符，即可完成一张图片的数据标注。

(5) 单击 Next Image 按钮，开始标注下一张图像。

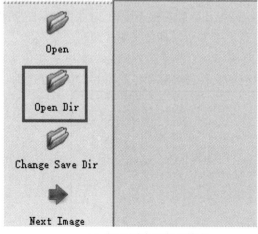 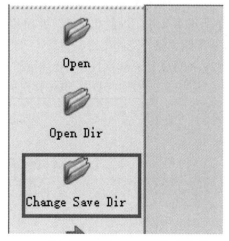

(a) 打开图片所在文件夹　　　　　　　(b) 修改标注文件保存的文件夹

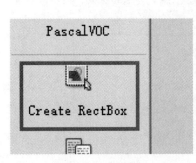

(c) 激活锚框功能　　　　　　　　　(d) 标注图片

图 6-7　图片的数据标注

注意事项：

(1) 在使用前，记得勾选 View 菜单下的 Auto Save mode 选项，这样可自动保存标注内容。

(2) 使用快捷键可提高数据标注的速度，labelImg 常用操作快捷键如表 6-2 所示。

表 6-2　labelImg 常用操作快捷键

序号	快捷键	功 能 说 明
1	w	开始创建矩形框
2	d	切换到下一张图
3	a	切换到上一张图
4	Del	删除选中的标注矩形框
5	Ctrl + +	放大图片
6	Ctrl + −	缩小图片
7	↑ → ↓ ←	移动选中的矩形框的位置
8	Ctrl + u	选择要标注的文件目录
9	Ctrl + r	选择标注好的标签存放的目录
10	Ctrl + s	保存标注好的标签，在自动保存模式下会自动保存
11	Ctrl + d	复制当前标签和矩形框
12	Ctrl + Shift + d	删除当前图片
13	Space	将当前图像标记为已验证

3. 图像分割

PP-ShiTu 图像识别系统只能对每个物体的单张图片进行特征提取，所以需要对数据集进行图像分割。

如图 6-8 所示，在 Pycharm 中运行图像分割程序 S12_xml_splitPic.py，输入数据标注文件夹和图像分割文件夹路径，即可读取标注的 XML 配置文件、截取图像中的目标物品、生成单独的物品图像并进行存储。其中，数据标注文件夹中包含了采集的原始图像和标注的 XML 文件，如图 6-9(a)所示；经过程序分割后的图片如图 6-9(b)所示。

```
Run:    S12_xml_splitPic
    E:\ProgramData\Anaconda3\envs\pp_py37_V2\python.exe H:/Robot/puke/1_Materials/S12_xml_splitPic.py
    请输入：标注文件夹路径：H:\Robot\puke\1_Materials\S1_数据标注
    请输入：保存文件夹路径：H:\Robot\puke\1_Materials\S2_图像分割
    xmlPath=H:\Robot\puke\1_Materials\S1_数据标注
    savePath=H:\Robot\puke\1_Materials\S2_图像分割
    files=[]
    dirs=['方块3', '梅花Q', '红桃9', '黑桃5']
    xmlPath_cur=H:\Robot\puke\1_Materials\S1_数据标注\方块3
    savePath_cur=H:\Robot\puke\1_Materials\S2_图像分割\方块3
    self.imgPath=H:\Robot\puke\1_Materials\S1_数据标注\方块3\3D_106_001.JPG
```

图 6-8　运行图像分割程序

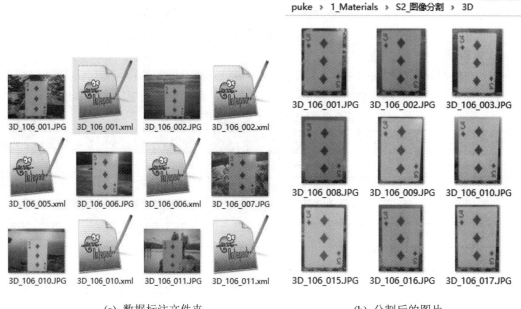

(a) 数据标注文件夹　　　　　　　　　　　　(b) 分割后的图片

图 6-9　图像分割

4. 数据集划分

在深度学习模型训练中，需要将数据集按照一定比例划分为训练集和测试集两种。

如图 6-10 所示，在 Pycharm 中运行 S13_dataSetSplit.py 文件，输入要分割的数据集、保存结果的文件夹以及训练和测试集的比例，即可完成数据集的划分。

```
Run:    S13_dataSetSplit
    F:\ProgramData\Anaconda3\envs\pp_py37_V2\python.exe H:/Robot/puke/1_Materials/S13_dataSetSplit.py
    请输入要分割的数据集文件夹：H:\Robot\puke\1_Materials\S2_图像分割
    请输入分割后保存到的文件夹：H:\Robot\puke\1_Materials\S3_dataset
    请输入训练集占比(0-1)，默认0.8：0.8
    请输入测试集占比(0-1)，默认0.2：0.2
    正在处理：H:\Robot\puke\1_Materials\S2_图像分割\3D
    path_train_cur=H:\Robot\puke\1_Materials\S3_dataset\train\3D
    path_val_cur=H:\Robot\puke\1_Materials\S3_dataset\test\3D
```

图 6-10　运行数据集划分程序

图 6-11 所示为划分前、后目录结构的变化，"S2_图像分割"文件夹中包含 4 种扑克牌的图片文件夹，经过数据集划分后，图片保存到"S3_dataset"文件夹中，其中包括训练集文件夹 train 和测试集文件夹 test，在每个文件夹中同样包括 4 种扑克牌的图片文件夹。

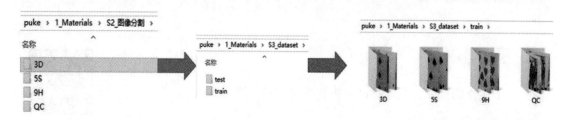

图 6-11　划分前、后目录结构的变化

5. 数据集信息文件生成

与分类任务数据集不同，PP-ShiTu 图像识别系统在图片中找到主体后，还需要采用图像特征检索进行物体分类识别。图像特征检索任务的数据集分为以下三部分：

(1) 训练数据集(Train Dataset)：用来训练模型，使模型能够学习该集合图像特征。

(2) 底库数据集(Gallery Dataset)：用来提供图像特征检索任务中的底库数据，该集合可与训练数据集或测试数据集相同，也可以不同，当它与训练数据集相同时，测试数据集的类别体系应与训练数据集的类别体系相同。

(3) 测试数据集(Query Dataset)：用来测试模型的好坏，通常要对测试数据集的每一张测试图片进行特征提取，之后和底库数据集中的特征进行距离匹配，得到识别结果，然后根据识别结果计算整个测试数据集的指标。

注意　训练数据集、底库数据集和测试数据集，均使用 txt 文件指定。

为实现分类模型训练和特征提取，需生成含有数据集信息的 txt 文件。该文件包括数据的路径、数据的 label 信息、数据的 unique id 三个部分。

注意　当底库数据集与检索时查询数据不同时，无须增加 unique id，因此本项目的数据集没有添加 unique id。

含有数据集信息的 txt 文件的生成步骤如下：

(1) 将 S14_process_format.py 文件拷贝到运行 S3_dataset 的文件夹中。

(2) 运行 S14_process_format.py 文件，可得到 3 个数据集对应的 txt 信息文件 class_labels.txt、test_list.txt 和 train_list.txt。

任务考核

参照任务实施部分制作扑克牌数据集，并按照如下要求提交作业：

(1) 数据采集图片的截图。

(2) 使用 labelImg 对采集图像进行图像标注过程的截图。

(3) 数据集图像分割的截图。

(4) 生成数据集信息文件的截图。

注意　尝试采集更多的应用现场图片(100 张及以上)，制作更加完善的数据集，将有助于提高扑克牌的识别率。

任务 6.2　扑克牌识别——模型训练

任务要求

基于制作的扑克牌数据集，对扑克牌识别模型进行训练。

知识链接

在图 6-4 的 PP-ShiTu 图像识别系统中，需要使用主体检测和特征提取两个模型来完成物体识别，下面分别介绍两个模型的获取方法。

(1) 在主体检测部分直接采用 Picodet 预训练模型，该模型已在多个数据集上进行过训练，具备提取物体特征的基本技能。如果最终识别效果不好，可基于自定义数据集对模型进行再训练。

(2) 在特征提取部分，因为涉及具体的物体特征，所以需要基于采集的数据集进行模型训练。本任务主要完成特征提取模型的训练。

材料准备

本任务所需材料如表 6-1 所示。

任务实施

本任务主要是基于制作的扑克牌数据集，对扑克牌识别模型进行训练。任务实施步骤包括数据准备、模型训练、模型评估、模型推理以及在云端进行模型训练五个部分。

1. 数据准备

PPLCNetV2 提供了预训练模型 general_PPLCNetV2_base_pretrained_v1.0，其下载网址为 https://paddle-imagenet-models-name.bj.bcebos.com/dygraph/rec/models/inference/PP-ShiTuV2/ general_PPLCNetV2_base_pretrained_v1.0_infer.tar。经实际测试，使用该预训练模型进行训练的效果并不理想，所以一般直接进行模型训练。

将任务 6.1 中的 S3_dataset 文件夹拷贝到 PaddleClas-release-2.5\dataset 目录下，并重命名为 puke_dataset。

通过修改 PaddleClas-release-2.5/ppcls/configs/GeneralRecognitionV2/GeneralRecognition V2_PPLCNetV2_base.yaml 文件中的代码来配置模型参数，主要修改内容如下：

(1) 指定训练设备 device 为 cpu，将预训练模型 pretrained_mode 设置为空 null，如图 6-12(a)所示。

(2) 修改训练数据集配置，包括设置图像根路径 image_root 和分类标签路径 cls_label_ path，如图 6-12(b)所示。

(3) 修改评估数据集位置，如图 6-12(c)所示。

(4) 修改底库数据集位置，如图 6-12(d)所示。

```
1   # global configs
2   Global:
3     checkpoints: null
4     pretrained_model: null
5     output_dir: ./output
6     device: cpu  #gpu
7     save_interval: 1
8     eval_during_train: False  #wpbadd: close online evaluation
9     eval_interval: 1
10    epochs: 100
11    print_batch_step: 20
12    use_visualdl: False
13    eval_mode: retrieval
14    retrieval_feature_from: features # 'backbone' or 'features'
15    re_ranking: False
16    use_dali: False
17    # used for static mode and model export
18    image_shape: [3, 224, 224]
19    save_inference_dir: ./inference
```

(a) 指定训练设备

```
93    # data loader for train and eval
94    DataLoader:
95      Train:
96        dataset:
97          name: ImageNetDataset
98          image_root: ./dataset/puke_dataset/
99          cls_label_path: ./dataset/puke_dataset/train_list.txt
00          relabel: True
01          transform_ops:
02            - DecodeImage:
03                to_rgb: True
04                channel_first: False
05            - ResizeImage:
06                size: [224, 224]
07                return_numpy: False
08                interpolation: bilinear
09                backend: cv2
10            - RandFlipImage:
11                flip_code: 1
12            - Pad:
13                padding: 10
14                backend: cv2
15            - RandCropImageV2:
16                size: [224, 224]
17            - RandomRotation:
18                prob: 0.5
19                degrees: 90
20                interpolation: bilinear
```

(b) 修改训练数据集配置

```
144     Eval:
145       Query:
146         dataset:
147           name: VeriWild
148           image_root: ./dataset/puke_dataset/
149           cls_label_path: ./dataset/puke_dataset/test_list.txt
150           transform_ops:
151             - DecodeImage:
152                 to_rgb: True
153                 channel_first: False
154             - ResizeImage:
155                 size: [224, 224]
156                 return_numpy: False
157                 interpolation: bilinear
158                 backend: cv2
159             - NormalizeImage:
```

(c) 修改评估数据集位置

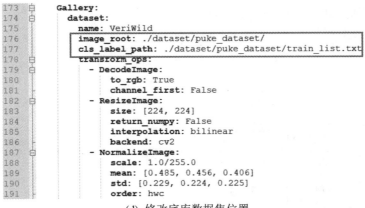

```
173    Gallery:
174      dataset:
175        name: VeriWild
176        image_root: ./dataset/puke_dataset/
177        cls_label_path: ./dataset/puke_dataset/train_list.txt
178        transform_ops:
179          - DecodeImage:
180              to_rgb: True
181              channel_first: False
182          - ResizeImage:
183              size: [224, 224]
184              return_numpy: False
185              interpolation: bilinear
186              backend: cv2
187          - NormalizeImage:
188              scale: 1.0/255.0
189              mean: [0.485, 0.456, 0.406]
190              std: [0.229, 0.224, 0.225]
191              order: hwc
```

(d) 修改底库数据集位置

图 6-12　配置模型参数

2. 模型训练

模型训练的具体步骤如图 6-13 所示：

(1) 打开 Anaconda Prompt，激活虚拟环境。

(2) 输入 PaddleClas 路径，进入相应的目录。

(3) 切换到 PaddleClas 所在的磁盘。

(4) 运行模型训练命令，其中，命令的最后一个参数为训练批次，可根据识别效果进行修改；如果训练效果不佳，可尝试增加训练批次。

图 6-13　运行模型训练命令

模型训练命令如下：

python tools/train.py

-c ./ppcls/configs/GeneralRecognitionV2/GeneralRecognitionV2_PPLCNetV2_base.yaml

-o DataLoader.Train.sampler.batch_size=8

-o Global.epochs=1

注意　以上命令均为一行命令，中间不能换行，在后面步骤中也是如此。

如图 6-14 所示，在模型训练完成后，默认保存到 output 文件夹下。

图 6-14　模型训练完成

注意　以上仅为模型训练示意，在实际工作中，需通过观察损失函数值 loss，逐步增加训练次数 Global.epochs，当 loss 数值趋于稳定时，识别效果达到最优。

3. 模型评估

运行如下模型评估命令：

```
python tools/eval.py

-c ./ppcls/configs/GeneralRecognitionV2/GeneralRecognitionV2_PPLCNetV2_base.yaml

-o Global.pretrained_model="output/RecModel/latest"
```

对训练好的模型进行评估，模型评估效果如图 6-15 所示，在最后一行输出的是模型的识别效果参数。如果效果不理想，可以采用增大训练批次、增加数据集图片数量等方式。

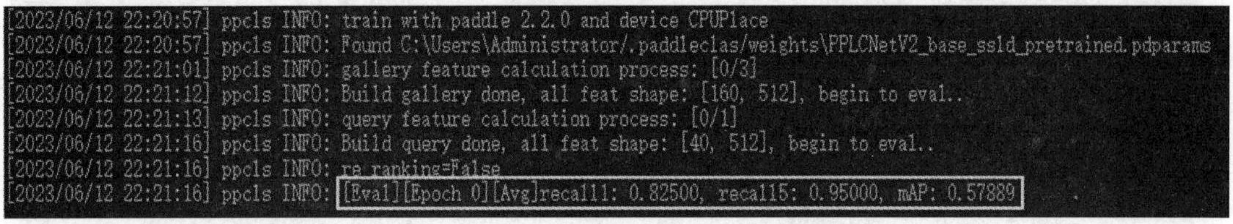

```
[2023/06/12 22:20:57] ppcls INFO: train with paddle 2.2.0 and device CPUPlace
[2023/06/12 22:20:57] ppcls INFO: Found C:\Users\Administrator\.paddleclas\weights\PPLCNetV2_base_ssld_pretrained.pdparams
[2023/06/12 22:21:01] ppcls INFO: gallery feature calculation process: [0/3]
[2023/06/12 22:21:12] ppcls INFO: Build gallery done, all feat shape: [160, 512], begin to eval..
[2023/06/12 22:21:13] ppcls INFO: query feature calculation process: [0/1]
[2023/06/12 22:21:16] ppcls INFO: Build query done, all feat shape: [40, 512], begin to eval..
[2023/06/12 22:21:16] ppcls INFO: re_ranking=false
[2023/06/12 22:21:16] ppcls INFO: [Eval][Epoch 0][Avg]recall1: 0.82500, recall5: 0.95000, mAP: 0.57889
```

图 6-15　模型评估效果

4. 模型推理

1) 导出推理模型

通过如下模型导出命令，将推理模型文件转换成 inference 格式并导出到当前文件夹中的 inference 目录下，如图 6-16 所示。

```
python tools/export_model.py

-c ./ppcls/configs/GeneralRecognitionV2/GeneralRecognitionV2_PPLCNetV2_base.yaml

-o Global.pretrained_model="output/RecModel/latest"
```

```
[2023/06/12 22:25:28] ppcls INFO:     regularizer :
[2023/06/12 22:25:28] ppcls INFO:         coeff : 1e-05
[2023/06/12 22:25:28] ppcls INFO:         name : L2
[2023/06/12 22:25:28] ppcls INFO: train with paddle 2.2.0 and device CPUPlace
[2023/06/12 22:25:29] ppcls INFO: Found C:\Users\Administrator\.paddleclas\weights\PPLCNetV2_base_ssld_pretrained.pdparams
[2023/06/12 22:25:34] ppcls INFO: Export succeeded! The inference model exported has been saved in "./inference"
```

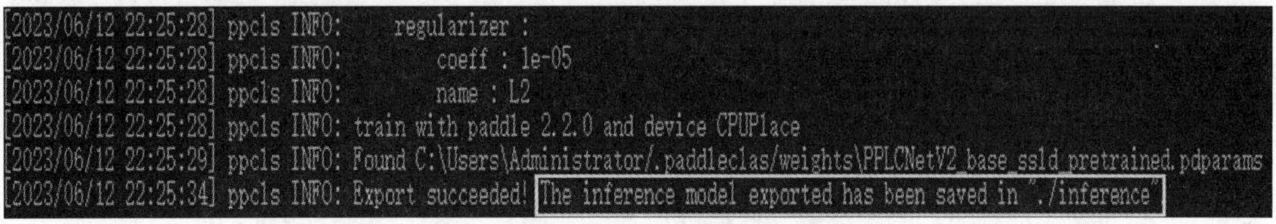

图 6-16　导出推理模型

2) 提取特征向量测试

通过以下命令，使用推理模型从输入图片中提取特征向量。

```
cd deploy

python python/predict_rec.py

-c configs/inference_rec.yaml

-o Global.rec_inference_model_dir="../inference"
```

以上命令将 deploy/images 目录下的图片 wangzai.jpg(见图 6-17(a))送入推理模型提取特征，输出的图片特征数据如图 6-17(b)所示。

(a) 测试图片 wangzai.jpg

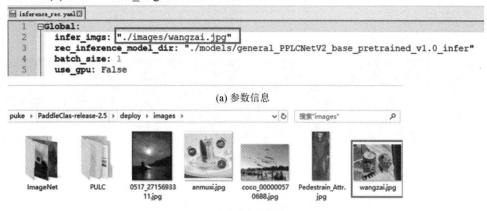

(b) 图片特征数据

图 6-17　图片特征提取测试

3) 测试图片修改

可通过修改 PaddleClas-release-2.5\deploy\configs\inference_rec.yaml 文件中 infer_imgs 指向的图片路径来修改测试图片。图 6-18(a)所示为 inference_rec.yaml 中 infer_imgs 参数信息，图 6-18(b)所示为 infer_imgs 参数指向的图片。

```
inference_rec.yaml
1  Global:
2    infer_imgs: "./images/wangzai.jpg"
3    rec_inference_model_dir: "./models/general_PPLCNetV2_base_pretrained_v1.0_infer"
4    batch_size: 1
5    use_gpu: False
```

(a) 参数信息

puke ▶ PaddleClas-release-2.5 ▶ deploy ▶ images ▶   搜索"images"

ImageNet　　PULC　　0517_27156933　anmuxi.jpg　coco_00000057　Pedestrain_Attr.　wangzai.jpg
　　　　　　　　　　　11.jpg　　　　　　　　　　0688.jpg　　　　jpg

(b) 参数指向的图片

图 6-18　测试图片修改

5. 在云端进行模型训练

由于模型训练耗时较长，当计算机没有 GPU 显卡或者数据集较大时，可考虑使用云端 GPU 资源进行模型训练。

这里以百度 AIStudio 平台为例，说明在云端进行模型训练的过程。

(1) 注册百度账号。登录百度 AIStudio 平台(https://aistudio.baidu.com/aistudio/index)。

(2) 创建项目。在主页上侧单击"项目"选项，然后单击"创建项目"按钮，如图 6-19 所示。

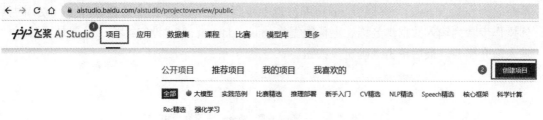

图 6-19　创建项目

(3) 选择类型。如图 6-20 所示，在"创建项目"窗口单击 Notebook 选项，并单击"下一步"按钮。

图 6-20　选择类型

(4) 配置环境。如图 6-21 所示，Nobebook 版本选择 AI Studio 经典版，项目框架选择 PaddlePaddle2.3.2 或更高版本，项目环境默认为 Python3.7，并单击"下一步"按钮。

图 6-21　配置环境

(5) 项目描述。如图 6-22 所示，依次输入项目名称、选择项目标签(如初级、计算机视觉等)、输入项目描述，最后单击创建数据集，将任务 6.1 制作好的扑克牌数据集 S3_dataset 重命名为 puke_dataset，并通过 zip 压缩打包上传到 AI Studio。添加数据集(见图 6-23)的具体操作步骤为输入数据集名称、上传数据集 puke_dataset.zip、设定标签、设置是否公开、输入简介摘要，最后单击"确定"按钮。

图 6-22　项目描述

图 6-23　添加数据集

(6) 启动项目。单击图 6-22 中的"创建"按钮后，可进入如图 6-24 所示的启动项目界面。单击"启动环境"按钮，根据需要选择不同配置的 CPU 或 GPU 资源，即可进入运行环境。其中，选择 GPU 资源将缩短模型训练时间。

图 6-24　启动项目

(7) 找到数据集。在运行环境左侧文件夹目录 data/data234938 中，存放了扑克牌数据集 puke_dataset.zip，如图 6-25 所示。其中，目录名称 data234938 为系统自动生成，data234938 中的数字部分会随机分配。

图 6-25　扑克牌数据集存放路径

(8) 在当前环境下，可以通过 cell 来进行代码编写、文本写作和数据展示等操作。一般将共同完成一个功能的若干行代码放入一个 cell 框中。如图 6-26 所示，用鼠标单击代码最后一行，单击页面上方的 "+Code" 图标，可在当前 cell 下方新添加一个 cell。

图 6-26　添加 cell

(9) 添加代码。在新添加的 Cell 中添加如下代码，完成 PaddleClas 的下载和安装。

```
#paddleClas 下载
!git clone https://gitee.com/paddlepaddle/PaddleClas.git -b release/2.5
#依赖安装
%cd /home/aistudio/PaddleClas/
!pip install --upgrade -r requirements.txt -i https://mirror.baidu.com/pypi/simple
```

(10) 参照"1.数据准备"中图 6-12 修改配置文件 PaddleClas-release-2.5/ppcls/configs/GeneralRecognitionV2/GeneralRecognitionV2_PPLCNetV2_base.yaml。

注意 为了通过 GPU 进行模型训练，需将如图 6-12(a)中的第 6 行修改为 device: gpu。

(11) 增加一个 cell，并在其中添加如下代码，完成数据集的解压缩并将其拷贝到相应目录。

```
#解压缩数据集
%cd /home/aistudio/data/data234938
!unzip -oq /home/aistudio/data/data234938/puke_dataset.zip


#拷贝数据集到 PaddleClas
%cd /home/aistudio/PaddleClas/dataset/
%cp -rf /home/aistudio/data/data234938/puke_dataset   ./
```

(12) 增加一个 cell，并在其中添加如下代码，通过 GPU 进行模型训练。

```
#模型训练
%cd /home/aistudio/PaddleClas
#单张 GPU 卡
!export CUDA_VISIBLE_DEVICES=0
!python tools/train.py \
        -c ppcls/configs/GeneralRecognitionV2/GeneralRecognitionV2_PPLCNetV2_base.yaml \
        -o DataLoader.Train.sampler.batch_size=8 -o Global.epochs=50
```

(13) 增加一个 cell，并在基中添加如下代码，进行模型评估。

```
#模型评估
!python tools/eval.py \
        -c ./ppcls/configs/GeneralRecognitionV2/GeneralRecognitionV2_PPLCNetV2_base.yaml \
        -o Global.pretrained_model="output/RecModel/latest"
```

如图 6-27 所示为模型训练与评估的结果。经调试，当 Global.epochs=50 时，loss 值趋于稳定，达到 1.85 附近，此明，模型评估结果 mAP=1.0，表明评估达到了非常理想的效果。

```
ppcls INFO: [Train][Epoch 49/50][Avg]CELoss: 1.70697, TripletAngularMarginLoss: 0.13724, loss: 1.84421
ppcls INFO: Already save model in ./output/RecModel/epoch_49
ppcls INFO: Already save model in ./output/RecModel/latest
ppcls INFO: [Train][Epoch 50/50][Iter: 0/20]lr(LinearWarmup): 0.00006596, CELoss: 1.74125, TripletAngular
ost: 0.17471s, reader_cost: 0.02559, ips: 45.79036 samples/s, eta: 0:00:03
ppcls INFO: [Train][Epoch 50/50][Avg]CELoss: 1.71859, TripletAngularMarginLoss: 0.13946, loss: 1.85805
ppcls INFO: Already save model in ./output/RecModel/epoch_50
ppcls INFO: Already save model in ./output/RecModel/latest
```

```
ppcls INFO: Found /home/aistudio/.paddleclas/weights/PPLCNetV2_base_ssld_pretrained.pdparams
ppcls INFO: gallery feature calculation process: [0/3]
ppcls INFO: Build gallery done, all feat shape: [160, 512], begin to eval..
ppcls INFO: query feature calculation process: [0/1]
ppcls INFO: Build query done, all feat shape: [40, 512], begin to eval..
ppcls INFO: re_ranking=False
ppcls INFO: [Eval][Epoch 0][Avg]recall1: 1.00000, recall5: 1.00000, mAP: 1.00000
```

图 6-27　模型训练与评估结果

(14) 增加一个 cell，并在其中添加如下代码，导出模型到 PaddleClas/inference 目录。

```
#导出模型
%cd /home/aistudio/PaddleClas
!python tools/export_model.py \
    -c ppcls/configs/GeneralRecognitionV2/GeneralRecognitionV2_PPLCNetV2_base.yaml \
    -o Global.pretrained_model=output/RecModel/latest
```

将 inference 下载到本地，放入本地计算机 PaddleClas-release-2.5 目录下和 PaddleClas-release-2.5\deploy\models 目录下，即可进行下一个任务。

任务考核

参照任务实施中的步骤对扑克牌识别模型进行训练。

按照如下要求提交作业：

(1) GeneralRecognitionV2_PPLCNetV2_base.yaml 修改后的文件截图。

(2) 模型训练过程的截图。

(3) 模型评估过程的截图。

(4) 模型推理(使用自己采集的图像)过程的截图。

任务 6.3　扑克牌识别——向量检索与系统测试

任务要求

本任务学习图像特征的向量检索，并完成图像识别系统测试。

知识链接

向量检索与系统测试

任务 6.2 完成了特征提取模型的训练，实现了图片特征数据的获取。如图 6-28 所示，本任务将特征数据在底库图片特征库中进行向量检索，找出最匹配特征所对应图片的标签。

向量检索是指将给定的查询向量与库中所有的待查询向量进行特征向量相似度或距离计算，选取相似度最高的向量作为结果输出。在图 6-29 中，首先对底库图片进行特征提取并存入底库图片特征库；然后在识别物体时，将物体图片通过特征提取模型获得物体特征数据，将该物体特征在底库图片特征库中进行向量检索，查找到最相似特征，将该特征对应图片的标签作为识别结果(Result)。

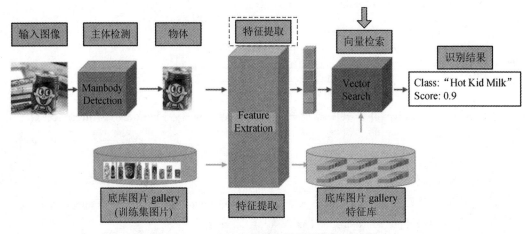

图 6-28　PP-ShiTu 轻量级通用图像识别系统

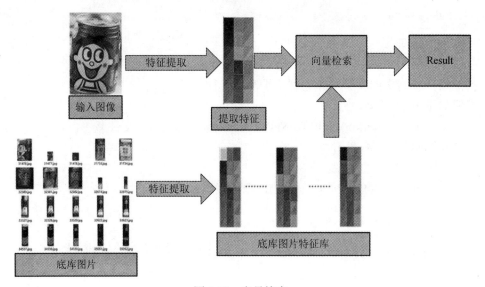

图 6-29　向量检索

材料准备

本任务所需材料如表 6-1 所示。

任务实施

本任务主要是学习图像特征的向量检索，完成图像识别系统测试。任务实施步骤包括通用主体检测模型下载、建立索引库、系统测试和优化与种类更新四个部分。

1. 通用主体检测模型下载

如图 6-30 所示，输入图像经过主体检测后，可输出图片中物体的图片，但并不识别该物体的种类。

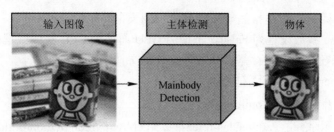

图 6-30　主体检测框图

通用主体检测模型的下载步骤如下：

(1) 下载主体检测模型 picodet_PPLCNet。下载地址为 https://paddle-imagenet-models-name.bj.bcebos.com/dygraph/rec/models/inference/picodet_PPLCNet_x2_5_mainbody_lite_v1.0_infer.zip。

(2) 在 PaddleClas-release-2.5/deploy 目录下新建文件夹 models。

(3) 将下载的主体检测模型解压到新建的 models 目录下。

2. 建立索引库

要进行图像特征的向量检索，必须建立数据集的索引库，建立索引库的具体步骤如下：

1) 索引文件配置

(1) 将 PaddleClas-release-2.5 目录下的推理模型文件夹 inference 拷贝到 PaddleClas-release- 2.5\deploy\models 目录下。

(2) 在 PaddleClas-release-2.5\dataset\puke_dataset 中新建文件夹 testImage，放入最少一张测试图片。修改 PaddleClas-release-2.5\deploy\configs 中的配置推理文件 inference_ general.yaml，修改的位置和内容如图 6-31 所示，具体包括：

图 6-31　修改配置推理文件

① 测试图片路径、主体检测模型和分类识别模型路径设置；

② 将 use_gpu 参数设置为 False，不使用 GPU 而使用 CPU 完成推理；

③ 数据集路径、索引保存路径和数据集分割文件路径设置；

④ 将 delimiter 后面的分隔符替换为空格。

2) 修改索引库编译文件 build_gallery.py

如图 6-32 所示，修改 PaddleClas-release-2.5/deploy/python python/build_gallery.py 文件，将分隔符"\t"修改为"　"。因为在任务 6.1 制作的数据集分割文件 train_list.txt 和 test_list.tx 中，图片路径与标签索引是通过空格分隔的。

```
build_gallery.py
13    # limitations under the License.
14    import os
15    import pickle
16
17    import cv2
18    import faiss
19    import numpy as np
20    from paddleclas.deploy.python.predict_rec import RecPredictor
21    from paddleclas.deploy.utils import config, logger
22    from tqdm import tqdm
23
24
25    #def split_datafile(data_file, image_root, delimiter="\t"): #yuanlai
26    def split_datafile(data_file, image_root, delimiter=" "):    #wpbadd
27        '''
```

图 6-32　修改索引库编译文件

3) 建立索引库

在 Anaconda Prompt 中，运行如下命令：

```
cd PaddleClas-release-2.5/deploy

python python/build_gallery.py -c configs/inference_general.yaml
```

指令运行效果如图 6-33 所示。

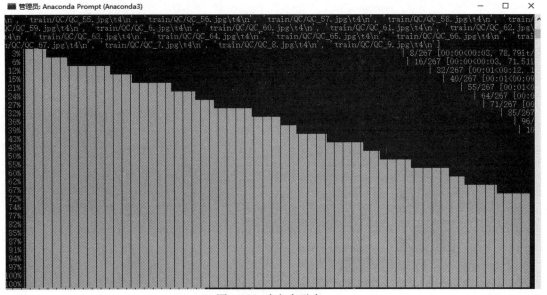

图 6-33　建立索引库

3. 系统测试

1) 通过指令方式获取识别结果

将待测试图片放入 PaddleClas-release-2.5/dataset/testImage 文件夹中，在 Anaconda Prompt 中运行如下测试命令：

```
cd PaddleClas/deploy

python python/predict_system.py

-c configs/inference_general.yaml

-o Global.infer_imgs="../dataset/puke_dataset/testImage/3D_106_001.JPG"

-o IndexProcess.index_dir="../dataset/puke_dataset/index"
```

其中，参数"-c"用于设置推理参数文件路径，参数"-o"分别用于设置测试图片路径和索引库路径。

在图 6-34 中，可以看到模型对图片 3D_106_001.JPG 的识别结果，其中，bbox 指出物体外围的矩形框在图片中的像素坐标(左上角和右下角)，rec_docs 为物体类别序号(根据序号可查询到物体类别名称)，rec_scores 为识别的置信度。

图 6-34　测试结果输出

2) 将识别结果可视化

首先，在 puke\PaddleClas-release-2.5\dataset\puke_dataset\testImage 目录中添加自己的测试图片；然后，通过 Pycharm 打开 puke 文件夹，运行 predict_pic.py 程序进行图片识别，如图 6-35 所示。

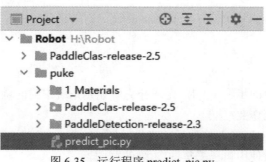

图 6-35　运行程序 predict_pic.py

图6-36所示为四张扑克牌图片的识别结果,每张图片中的矩形框标识了扑克牌的位置,并在矩形框左上角标注了该扑克牌的花色数字和置信度。

图6-36　扑克牌图片识别效果

4. 优化与种类更新

如果识别率不高或者需要增加新的种类,则需再次采集图片并创建索引库,具体步骤如下:

(1) 参照任务6.1进行数据采集、数据标注和图像分割。

(2) 将采集的图片拷贝到S3_dataset/train下相应的文件夹,运行S11_changeFileName.py程序来实现图片的重命名。

(3) 运行 S3_dataset/S14_process_format.py 程序生成图像信息文件。

(4) 将 S3_dataset 中的文件和文件夹拷贝到 PaddleClas-release-2.5\dataset\puke_dataset,覆盖原来的文件。

(5) 在 Anaconda Prompt 中运行如下命令,更新索引库。

```
python python/build_gallery.py -c configs/inference_general.yaml
```

任务考核

参照任务实施部分的步骤1～4,完成扑克牌识别系统中的向量索引与系统测试。
按照如下要求提交作业:

(1) inference_general.yaml 修改后的文件截图。

(2) 模型测试结果(使用自己采集的图像)的截图。

任务 6.4　扑克牌动态抓取

任务要求

以任务 5.6 动态积木识别与抓取为基础，结合任务 6.1～任务 6.3，
实现对 4 张扑克牌的识别、机械臂抓取和搬运功能。

扑克牌动态抓取

知识链接

参照任务 6.1～任务 6.3 的知识链接内容。

材料准备

本任务所需材料如表 6-3 所示。

表 6-3　材　料　清　单

序号	材料名称	说　　明	
1	Dobot 机械臂及吸盘套件	硬件设备	
2	扑克牌若干	最少 4 张	
3	USB 相机	硬件设备	
4	Pycharm	建议使用 2021 及以上版本。	
5	pp_py37	已配置好的 conda 虚拟环境，包含 Python3.7 以及实验所需的库文件	
6	PaddleClas-release-2.5	百度飞桨图像识别套件	
7	1_Materials	labelImg.exe	图片标注程序
		S11_changeFileName.py	修改图片名称
		S12_xml_splitPic.py	使用标注的 XML 文件将图片中的物体逐个分割成单张图片
		S13_dataSetSplit.py	数据集划分
		S14_process_format.py	生成图片信息文件
8	VideoStream.py	相机采集图像源代码，源自任务 5.6 动态积木识别与抓取	
9	DobotDllType.py，DobotDll.h，DobotDll.dll，msvcp120.dll，msvcr120.dll，Qt5Core.dll，Qt5Network.dll，Qt5SerialPort.dll	Dobot 机械臂动态库源自任务 5.6 动态积木识别与抓取	
10	DobotControl_block.py	源自任务 5.6 动态积木识别与抓取	
11	PickBlock.py	源自任务 5.6 动态积木识别与抓取	

注：表格浅灰色部分为与上一个任务相同的部分。

任务实施

本任务主要是以积木动态抓取为基础，基于所训练的图像识别模型，实现对 4 张扑克牌的识别、机械臂抓取和搬运。任务实施步骤包括工程文件管理、代码融合、代码运行三个部分。

1. 工程文件管理

如图 6-37 所示，将任务 5.6 动态积木识别与抓取的所有文件拷贝到任务 6.3 的文件夹中。

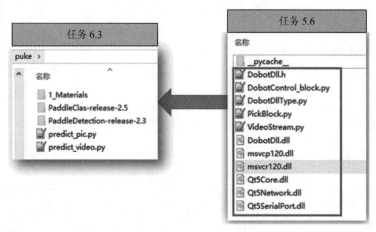

图 6-37 工程文件管理

2. 代码融合

本任务中共使用了三个 Python 文件，即 VideoStream.py、DobotControl_block.py 和 PickBlock.py。其中，前两个代码文件已经实现了相应功能，不需要修改，本次任务主要修改完善 PickBlock.py 文件，添加扑克牌的识别部分。

PickBlock.py 文件主要完成的功能包括图像畸变校正、找到扑克牌位置、坐标变换和抓取扑克牌四个部分，如表 6-4 所示。其中，1、3 部分在任务 5.6 中已经完成。本次任务主要完成 2、4 部分，需要添加图像识别、绘制识别结果两个函数，并修改扑克牌抓取函数。

表 6-4 PickBlock.py 主要函数说明

序号	功能	函数	说明
1	图像畸变校正	Video_undistort()	任务 5.6 中已经完成
2	扑克牌位置获取与标识	SystemPredictor() draw_bbox_results_cur()	待添加
3	坐标变换	PixelXY_ArmXY	任务 5.6 中已经完成
4	扑克牌抓取	PickBlock()	待修改

表 6-4 中对 PickBlock.py 中 2、4 部分的修改步骤如下：

1) 添加"扑克牌识别与标识"代码

将 puke\predict_pic.py 中的库文件与参数文件路径(见图 6-38(a))、中英文花色转换(见

图 6-38(b))、图像识别函数 SystemPredictor()(见图 6-38(c))和绘制识别结果函数 draw_bbox_results_cur()(见图 6-38(d))拷贝到 PickBlock.py 文件中。

```python
# 库文件
from paddleclas.deploy.utils import logger, config
from paddleclas.deploy.utils.get_image_list import get_image_list
from paddleclas.deploy.utils.draw_bbox import draw_bbox_results
from paddleclas.deploy.python.predict_rec import RecPredictor
from paddleclas.deploy.python.predict_det import DetPredictor

# 参数文件路径
path_infer_imgs = "PaddleClas-release-2.5/dataset/puke_dataset/testImage"

path_class_labels = "PaddleClas-release-2.5/dataset/puke_dataset/class_labels.txt"
path_det_inference_model_dir = "PaddleClas-release-2.5/deploy/models/picodet_PPLCNet_x2_5_mainbody_lite_v1.0_infer"
path_rec_inference_model_dir = "PaddleClas-release-2.5/deploy/models/inference"
path_index_dir = "PaddleClas-release-2.5/dataset/puke_dataset/index"
path_config = "PaddleClas-release-2.5/deploy/configs/inference_general.yaml"
```

(a) 库文件与参数文件路径

```python
# 中英文花色
Chinese_name = {'10C': "梅花10", '10D': "方块10", '10H': "红桃10", '10S': "黑桃10",
                '2C': "梅花2",  '2D': "方块2",  '2H': "红桃2",  '2S': "黑桃2",
                '3C': "梅花3",  '3D': "方块3",  '3H': "红桃3",  '3S': "黑桃3",
                '4C': "梅花4",  '4D': "方块4",  '4H': "红桃4",  '4S': "黑桃4",
                '5C': "梅花5",  '5D': "方块5",  '5H': "红桃5",  '5S': "黑桃5",
                '6C': "梅花6",  '6D': "方块6",  '6H': "红桃6",  '6S': "黑桃6",
                '7C': "梅花7",  '7D': "方块7",  '7H': "红桃7",  '7S': "黑桃7",
                '8C': "梅花8",  '8D': "方块8",  '8H': "红桃8",  '8S': "黑桃8",
                '9C': "梅花9",  '9D': "方块9",  '9H': "红桃9",  '9S': "黑桃9",
                'AC': "梅花A",  'AD': "方块A",  'AH': "红桃A",  'AS': "黑桃A",
                'JC': "梅花J",  'JD': "方块J",  'JH': "红桃J",  'JS': "黑桃J",
                'KC': "梅花K",  'KD': "方块K",  'KH': "红桃K",  'KS': "黑桃K",
                'QC': "梅花Q",  'QD': "方块Q",  'QH': "红桃Q",  'QS': "黑桃Q"}
```

```python
# 英文种类转换中文种类
Class_name = []
with open(path_class_labels) as f:
    for line in f.readlines():
        lineStr = line.strip('\n').split()
        #print(f"lineStr={lineStr} ")
        #print(f"lineStrValue={Chinese_name[lineStr[0]]} ")
        Class_name.append( Chinese_name[lineStr[0]] )
print(f"Class_name={Class_name}")
```

(b) 中英文花色转换

```python
58    # 图像识别
59    class SystemPredictor(object):
60        def  init (self, config):
84
85        def append self(self, results, shape):
94
95        def nms to rec results(self, results, thresh=0.1):
121
122        def predict(self, img):
157
```

(c) 图像识别函数 SystemPredictor()

```
158    # 绘制识别结果
159  ⊟def draw_bbox_results_cur(image,
160                              results,
161                              input_path,
162                              font_path="./utils/simfang.ttf",
163                              save_dir=None):
164  ⊟    if isinstance(image, np.ndarray):
166          draw = ImageDraw.Draw(image)
167          font_size = 50#18
168          font = ImageFont.truetype(font_path, font_size, encoding="utf-8")
169          # 识别结果显示文字显示的 背景色
170          color = (0, 102, 255)
171          # 识别物体中心像素坐标
172          center_xy_result = []
173
174  ⊟        for result in results:
203
204          image_name = os.path.basename(input_path)
205  ⊟        if save_dir is None:
206              save_dir = "output"
207          os.makedirs(save_dir, exist_ok=True)
208          output_path = os.path.join(save_dir, image_name)
209
210          image.save(output_path, quality=95)
211
212          #return np.array(image)
213
214          # 返回 标识物体的图像；物体中心点坐标
215          return np.array(image),center_xy_result
```

(d) 绘制识别结果函数 draw_bbox_results_cur()

图 6-38 添加"扑克牌识别与标识"代码

2) 修改扑克牌抓取函数 PickBlock()

如图 6-39 所示，函数 PickBlock()共有 3 个位置需要修改：

```
def PickBlock(myARM,config):
    #S1: 配置参数
    config["Global"]["det_inference_model_dir"] = path_det_inference_model_dir
    config["Global"]["rec_inference_model_dir"] = path_rec_inference_model_dir
    config["IndexProcess"]["index_dir"] = path_index_dir

    #S2: 配置预测器
    system_predictor = SystemPredictor(config)

    while True:
        #S3: 从摄像头获取 图像
        frame_raw = videostream.read()

        #S4: 图像翻转
        frame = cv2.flip(frame_raw, -1)
                # 0表示绕x轴正直翻转，即垂直镜像翻转；
                # 1表示绕y轴翻转，即水平镜像翻转；
                # -1表示绕x轴、y轴两个轴翻转，即对角镜像翻转。

        #S5: 图像畸变校正
        frame = Video_undistort(frame)

        # 如果有图像
        if frame is not None:
            #S6: 图片识别
            output = system_predictor.predict(frame)
            if len(output) != 0:
                #S7: 绘制结果
                resultImg,center_xy = draw_bbox_results_cur(frame,[output[0]])
                print(f"center_xy = {center_xy}")
                #S8: 坐标系变换
                if len(center_xy)>0:
                    arm_X, arm_Y = PixelXY_ArmXY(center_xy[0])
                    print(f"arm_X = {arm_X},arm_Y = {arm_Y}")
                    #S9: 机械臂抓取
                    myARM.ARM_Action(arm_X, arm_Y)   # 机械臂动作

                # 显示
                cv2.imshow("result", resultImg)
                key = cv2.waitKey(1)
                # Press esc or 'q' to close the image window
                if key & 0xFF == ord('q') or key == 27:
                    cv2.destroyAllWindows()
                    break

        else:
            print("无画面")
            break

    # 关闭所有窗口和摄像头视频
    cv2.destroyAllWindows()
    videostream.stop()
```

图 6-39 修改"扑克牌抓取"函数 PickBlock()

(1) 添加"配置参数"和"配置预测器"代码，参见图 6-39 的第一个矩形框部分。

(2) 添加"图片识别"和"绘制结果"代码，参见图 6-39 的第二个矩形框部分。其中，center_xy[0]为所识别扑克牌的图像中心坐标。

(3) 修改 PixelXY_ArmXY()函数的入口参数为 center_xy[0]，参见图 6-39 的第三个矩形框部分。

3. 代码运行

完成代码编写后，开始进入代码运行环节。首先需要连接机械臂后开机，查看相应的端口号；其次，连接摄像头；最后在 Pycharm 中运行 PickBlock.py 文件，观察运行效果。

将四张扑克牌放置到机械臂抓取平台上，图像识别效果如图 6-40 所示。首先识别出黑桃 5，当机械臂将黑桃 5 抓取搬运走之后，识别出方块 3，然后机械臂开始抓取搬运方块 3，以此类推，直至所有扑克牌都被抓取搬离平台为止。

(a) 识别第 1 张扑克牌

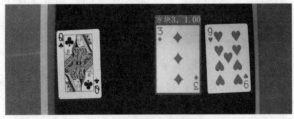

(b) 识别第 2 张扑克牌

(c) 识别第 3 张扑克牌

(d) 识别第 4 张扑克牌

图 6-40　4 张扑克牌的识别效果

任务考核

本任务以任务 5.6 动态积木识别与抓取为基础，结合任务 6.1～任务 6.3，实现对 4 张扑克牌的识别、机械臂抓取和搬运功能。

按照如下要求提交作业：

(1) PickBlock 函数代码的截图。

(2) 摄像头识别结果的截图。

(3) 机械臂抓取扑克牌的视频。

可尝试调整扑克牌摆放顺序和角度，测试图像识别和机械臂抓取效果。

拓展阅读 "不作诗，只做事"的大模型

随着 ChatGPT(Chat Generative Pre-Training Transformer，聊天生成式预训练转换器)的出现，大模型成为整个 AI 产学界追逐的技术"宠儿"。各大企业开始如火如荼的"炼大模型"，包括 Google、微软、百度、华为、阿里巴巴等企业巨头纷纷参与其中。一时间，"炼大模型"成为了当下 AI 产业发展的主旋律，而英伟达的显卡也是供不应求。但是，华为基于自研昇腾 AI 云服务推出的盘古大模型则有所不同："华为的盘古大模型不作诗，只做事"。

华为盘古大模型要在行业领域赋予价值。盘古大模型 3.0 具有三层架构，分别是基础大模型、行业模型、场景模型，华为轮值董事长表示："第一层(L0 层)基础大模型层我们形象地叫作'读万卷书'，就是要做好海量的基础知识的学习。第二层(L1 层)行业模型和第三层(L2 层)场景模型叫作'行万里路'。从'读万卷书'到'行万里路'还有很多困难要克服，很关键的一点就是要把各行各业的知识与大模型进行充分匹配和融合。"

其中，盘古气象大模型在业内第一个做到了用 AI 模型预测天气的精度超越了传统的数值预报方法，超过了之前全球最强的欧洲气象中心的 IFS 系统，只需 1.4 秒就能完成 24 小时全球气象预报。2023 年 5 月，中国气象局与盘古进行合作，预测玛娃台风路径，盘古提前 10 天精确预测了玛娃台风的路径。

ChatGPT 通用大模型的到来，标志着人工智能已经开始改变人类的工作和生活方式。但是，我们不能盲目跟风，只有更接地气的大模型才会走得更远。作为新时代的大学生，我们将遇到很多新的事物，要做到不盲从，不忘初心，要找好自己的方向，并要脚踏实地为之奋斗，"守正创新、踔厉奋发、勇毅前行"。

学而时习之

(1) 简述"PP-ShiTu 图像识别系统"的功能模块组成和工作原理。

(2) 简述"PP-ShiTu 图像识别系统"中"向量检索"的作用。

参 考 文 献

[1] 杨辰光，李智军，许扬. 机器人仿真与编程技术[M]. 北京：清华大学出版社，2018.

[2] 蔡自兴. 机器人学[M]. 北京：清华大学出版社，2018.

[3] 刘相权，秦宇飞. CoppeliaSim 在机器人仿真中的应用实例[M]. 北京：北京邮电大学出版社，2023.

[4] 深圳市越疆科技有限公司.智能机械臂控制与编程[M]. 北京：高等教育出版社，2019.

[5] 吴蓬勃，张金燕，李莉，等. 基于多模态的无序堆叠快递包裹机械臂视觉抓取系统[J]. 包装工程，2022，43(15)：68-76.

[6] 吴蓬勃，张金燕，张冰玉，等. 基于树莓派的机械臂视觉抓取系统设计[J]. 电子制作，2022，30(07)：23-25.

[7] 徐德，谭民，李原. 机器人视觉测量与控制[M]. 3 版. 北京：国防工业出版社，2022.

[8] WEI SHENGYU，GUO RUOYU，CUI CHENG，et al. PP-ShiTu: A Practical Lightweight Image Recognition System [J]. arXiv:2111.00775，2023：1-8.

[9] CUI CHENG，GAO TINGQUAN，WEI SHENGYU，et al. PP-LCNet: A Lightweight CPU Convolutional Neural Network[J]. arXiv. 2109. 15099, 2023：1-1.

[10] 吴蓬勃，姚美菱，王拓等. 基于 TensorFlow 的垃圾分拣机器人设计[J]. 实验室研究与探索，2020，39(06)：117-122.

[11] 吴蓬勃，张金燕，王帆等. 快递暴力分拣行为视觉识别系统[J]. 包装工程，2021，42(15)：245-252.

[12] 张金燕，吴蓬勃，王拓，等. 面向仓库货架的商品智能拣选机器人设计[J]. 包装工程，2024，45(5)：230-239.